本书是 2022 年度重庆市出版专项资金资助项目、国家自然科学基金面上项目（52178031）、国家自然科学基金重点项目（52238003）、重庆市科技兴林项目（渝林科研 2020-4）资助成果

Study on Conservation and Restoration
of Urban and Rural Small and Micro Wetlands in Hilly Areas

丘区城乡小微湿地
保护与修复研究

袁兴中　陈世康　袁　嘉◎著

重庆大学出版社

内容提要

本书是作者在国家自然科学基金面上项目"乡村景观中小微湿地网络及其调控机理研究"（52178031）等多项成果的基础上编写的。本书作为小微湿地研究方面的专著，在反映小微湿地生态研究进展的基础上，结合作者近几年在重庆梁平区的研究成果，对丘区城乡小微湿地保护与修复进行了全面阐述。全书共13章，系统探讨了小微湿地概念、类型及生态特征、丘区小微湿地主要类型及分布、城市小微湿地建设、乡村"小微湿地＋"创新模式，以及双桂湖周边小微湿地、乡村小微湿地、龙溪河岸小微湿地、山地小微湿地保护与修复营建实践。本书是小微湿地生态研究方面的开拓性创新实践探索，充分反映了国内小微湿地研究最前沿的科学技术内容。

本书可作为生态学、风景园林学、湿地科学及其相关专业教材，也可作为生态学、风景园林学、湿地科学、环境科学与工程等领域的管理人员、专业技术人员和大专院校有关专业师生的参考用书。

图书在版编目（CIP）数据

丘区城乡小微湿地保护与修复研究 / 袁兴中, 陈世康, 袁嘉著. -- 重庆：重庆大学出版社, 2024.6（2024.10重印）
ISBN 978-7-5689-4313-0

Ⅰ. ①丘… Ⅱ. ①袁… ②陈… ③袁… Ⅲ. ①沼泽化地—自然资源保护—研究—中国②沼泽化地—生态恢复—研究—中国 Ⅳ. ①P942.078

中国国家版本馆CIP数据核字（2023）第256820号

丘区城乡小微湿地保护与修复研究
QIUQU CHENGXIANG XIAOWEI SHIDI BAOHU YU XIUFU YANJIU

袁兴中　陈世康　袁嘉　著
策划编辑：许　璐　孙英姿
责任编辑：文　鹏　　版式设计：许　璐
责任校对：谢　芳　　责任印制：张　策

*

重庆大学出版社出版发行
出版人：陈晓阳
社址：重庆市沙坪坝区大学城西路21号
邮编：401331
电话：（023）88617190　88617185（中小学）
传真：（023）88617186　88617166
网址：http://www.cqup.com.cn
邮箱：fxk@cqup.com.cn（营销中心）
全国新华书店经销
重庆升光电力印务有限公司印刷

*

开本：787mm×1092mm　1/16　印张：16.5　字数：315千
2024年6月第1版　2024年10月第2次印刷
ISBN 978-7-5689-4313-0　定价：158.00元

主要作者简介

　　袁兴中，男，1963年4月生。四川万源人。理学博士，二级教授，博士生导师。重庆大学建筑城规学院大地景观与生态修复方向学术带头人，重庆大学三峡库区消落区生态修复与治理研究中心主任。兼任国家湿地科学技术委员会委员，中国湿地保护协会常务理事，中国湿地保护协会小微湿地专业委员会副主任委员，全国湿地保护标准化技术委员会委员，中国工程标准化协会生态景观与风景园林专委会副主任委员，重庆市生态学会副理事长，重庆市国土空间生态修复规划学术委员会副主任委员。主要从事湿地生态学、景观与生态修复研究。主持国家和省部级课题30余项，在国内外核心刊物发表论文200余篇，出版专著10余部。

前 言

　　湿地是大地景观的重要组成要素，是城乡重要生态基础设施。过去，无论是学术界还是管理部门，多关注大面积、成片分布的沼泽、湖泊、大型河流及滨海湿地等，对数量众多、分散分布的小型和微型湿地则缺少关注。2018 年 10 月，国际湿地公约第十三届缔约方大会审议通过了中国政府在国际上首次递交的《小微湿地保护与管理》决议草案。该决议提到"认识到湿地综合体内的小型和微型湿地为候鸟提供了重要的栖息地；还认识到小型和微型湿地能提供许多其他多种生态系统服务"。事实上，在广大的城乡区域，湿地的赋存状态多以小微湿地形态存在，包括小型湖库、小型河溪、塘、沟、渠、井、泉、春沼、湫洼、雨水湿地及分散分布的水田等小型和微型湿地，并且通过线性河溪、沟渠相互连接形成小微湿地网络，在城乡景观中发挥着重要的生态服务功能。

　　《小微湿地保护与管理》决议引起了国际学术界对小微湿地的关注，但目前国内外对小微湿地的相关科学研究较少。过去，在小微湿地研究方面，国际上有一些零星的工作，主要集中在欧洲和北美洲，以英国、欧盟和美国为主开展了一些工作。英国分别在 1984 年、1990 年、1996 年、1998 年和 2007 年进行的"乡村调查"中，对 2 hm^2 以下的池塘数量和生态状况开展了调研。苏格兰在 1990 年对其境内的小型湿地进行了调查，相关专家编制的《池塘、水塘和小内湖：苏格兰小水体管理和建设的优秀实践指南》，对苏格兰及其他区域小微湿地的恢复和管理具有指导作用。欧洲池塘保护网络（EPCN）于 2004 年在瑞士日内瓦成立，多年来开展了有关欧洲池塘保护的大量工作，如英国的"乡村调查"（Countryside Survey）、"百万池塘项目"（Million Ponds project）、西班牙的"池塘与生活项目"（Ponds With life），及"促进欧洲及地中海区域的池塘保护项目"（The Pro-pond Project 2007—2010）。EPCN 于 2007 年发布了"池塘宣言"（The Pond Manifesto），旨在促进欧洲和北非的池塘保护。美国从 20 世纪 40 年代开始，针对北美洲草原壶穴湿地开展了"小湿地项目"（Small Wetlands Program）研究。

随着经济、社会的发展和城镇化进程的快速推进，我国城乡生产生活发生着巨大改变，传统的耕作方式逐渐被摒弃，转而进行规模化、集约化生产，很多水稻田变为旱地。曾经维系乡村生产生活的沟、渠、塘、堰、井、泉、溪等小微湿地逐渐被忽略和废弃。在快速城镇化过程中，大量小微湿地被不加区别地填埋。尽管如此，小微湿地在城乡生产生活中仍然具有重要的功能，在维持生物多样性、调节气候、涵养水源、改善人居环境等方面发挥着巨大作用。

位于川东平行岭谷腹心地带的重庆市梁平区，具有"三山五岭，两槽一坝，丘陵起伏，六水外流"的特殊地貌。它作为三峡库区腹心地带长江一级支流龙溪河的源头区域，属于三峡库区土壤保持重要区，是长江上游重要生态屏障的有机组成部分，湿地资源丰富而独特。区内三山五岭孕育了龙溪河等六大流域，408 条河流、72 个湖库，以及广泛分布的山坪塘、沟渠、池塘等小微湿地，临水而建的梁平城区和逐水而居的梁平人民，人和自然相融相依、协同共生，绘就了一幅"山水林田湖草城，梁平生命共同体"的全域湿地画卷。汇集山水人文精华的梁平城区，依山傍湖，河溪蜿蜒，自古以来便是一座与湿地协同共生的城市，湿地与城市水乳交融、紧密相连。

梁平区独特的地理环境，复杂多变的地形地貌，沟、塘、渠、堰、井、泉、溪、田等湿地要素交织融汇，形成了丰富的小微湿地资源。梁平区把小微湿地保护与可持续利用作为国际湿地城市建设和乡村振兴工作的重要抓手，在小微湿地保护与可持续利用上进行了一系列开创性的工作，创新性地实施了"小微湿地 +"系列模式。首次提出并成功实施了山地梯塘小微湿地、丘区林盘小微湿地、环湖小微湿地群、竹林小微湿地、"丘－塘－林－田－居"林盘小微湿地等，在加强保护的基础上发展湿地农业、湿地生态养殖、湿地产品加工、湿地生态旅游、特色民宿康养等湿地利用方式，为城乡居民提供了大量就业机会和创收机遇。

本书获批了 2022 年度重庆市出版专项资金资助项目，立足国家自然科学基金面上项目"乡村景观中小微湿地网络及其调控机理研究"（52178031）、国家自然科学基金重点项目"宜居城乡景观生态规划理论与方法——以西南山地为例"（52238003）、重庆市科技兴林项目"小微湿地生态修复技术研究"（渝林科研 2020-4）等科研项目，采取多学科交叉融合的形式，吸收和应用了当前湿地保护、生态恢复、流域管理的先进理念，在论述小微湿地基本概念、类型及国内外最新研究进展的基础上，以地处渝东北典型丘陵区域的梁平区城乡小微湿地为例，进行了大胆探索，完整地展现了丘区城乡小微湿地保护、修复与可持续利用的创新实践。全书共 13 章，系统探讨了小微湿地的概念、类型、生态特征、功能、丘区小微湿地主要类型及分布、城市小微湿地建设、"乡村小微湿地 +"创新模式，以及双桂湖周小微湿地、乡村小微湿地、龙溪河岸小微湿地、山地小微湿地生态系统修复营建与可持续利用的实践探索。

我国丘陵区域面积大，由于丘陵区域地形破碎，水资源时空分布不均，使得丘陵区域小微湿地广布，成为丘陵区域的重要生态要素，也是丘陵区域绿色发展的重要基础。本书是对中国丘区城乡小微湿地生态系统保护修复与利用的创新实践探索，充分反映了湿地生态学领域最前沿的科学技术内容，是小微湿地保护修复与利用实践方面开拓性的研究工作总结。本书将视野聚焦到小尺度生态空间，可为小微湿地保护、修复及可持续利用提供科学依据和实践指导。

全书由袁兴中统稿，各章执笔分工如下：第 1 章、第 2 章、第 3 章、第 5 章、第 6 章、第 10 章、第 11 章、第 13 章由袁兴中撰写，第 4 章、第 9 章由陈世康撰写，第 7 章、第 8 章由袁嘉撰写，第 12 章由徐秋华撰写，余先怀参与第 12 章的撰写，陈英灿参与第 3 章的撰写，唐宏参与第 11 章的撰写，蒋启波参与第 10 章的撰写，向羚丰参与第 8 章的撰写和部分图件的绘制。袁兴中、袁嘉指导的重庆大学博士研究生和硕士研究生为本书的研究和写作做出了贡献，李祖慧参与了第 12 章和第 13 章的外业调查研究、资料收集及部分初稿写作，张超凡参与了第 7 章的资料收集及部分初稿写作，李沛吾参与了第 9 章的资料收集及部分初稿写作，林佳琪参与了第 10 章的资料收集及部分初稿写作。全书照片及图件除注明外，均由袁兴中及其研究团队拍摄或绘制。本书在编写过程中，得到了重庆市林业局、重庆市湿地保护管理中心、重庆市梁平区人民政府、重庆市梁平区湿地保护中心、重庆千洲生态环境工程有限公司、天泽（北京）湿地保护技术研究院的大力支持，在此致以衷心的感谢。

作　者

2023 年 9 月

目 录

第 1 章

见微知著

——小微湿地概念构架

1.1　小微湿地缘起

湿地作为"自然之肾""生命的摇篮""水资源宝库"的功能已经得到广泛认同。但过去无论是学术界、管理部门还是社会公众，多关注大面积成片分布的沼泽、湖泊、滨海湿地以及大型河流湿地等，而对那些数量众多、分散分布的小型和微型湿地却缺少关注。鉴于小型和微型湿地在自然界和城乡区域广泛分布，并且具有水源涵养、洪水调节、雨水管理、面源污染净化、生物多样性保育、景观美化、生物生产等重要生态服务功能，生态学家们认为小型和微型湿地在全球生态系统中发挥着重要作用。2018 年 2 月，在斯里兰卡召开的湿地公约第十三届缔约方大会预备会上，中国政府在国际上首次提交了《小微湿地保护与管理》决议草案，这是我国加入国际湿地公约 26 年来首次向湿地公约组织提交决议草案，引起多国的热烈响应。2018 年 10 月，在阿联酋迪拜召开的湿地公约第十三届缔约方大会上，湿地公约常委会审议通过了中国政府递交的《小微湿地保护与管理》决议草案（Draft Resolution on Conservation and Management of Small and Micro Wetlands，Submitted by China，Doc.SC 54-21.3）。至此，小微湿地进入了管理者和学术界的视野，成为人们关注的焦点。

《小微湿地保护与管理》决议提到"认识到湿地名录忽略了面积小于 8 hm² 的湿地，我们对世界各地小湿地和微湿地及其空间分布的认识存在重大差距；认识到湿地的空间分布呈现出少数大型湿地和大量小型微湿地的异质网络""又意识到小型和微型湿地极易受环境变化特别是气候变化以及人类对土地发展需要的影响""认识到湿地综合体内的小型和微型湿地为候鸟提供了重要的栖息地；还认识到小型和微型湿地能提供许多其他多种生态系统服务，提供优美的自然人居环境，提供蔬菜、鱼类等食物，缓解洪水，净化水质，调节微气候，提供防御或隔离""又认识到人类住区、村镇往往与小湿地和微湿地联系在一起，由于湿地的多种生态系统服务，特别是交通、供水和湿地文化，它们共同构成了重要的景观遗产，例如，稻田景观中的古老水塘"。事实上，在自然界和广大城乡区域，湿地的真实存在状态是少数大湿地和大量小微湿地镶嵌（图 1-1），是国土空间的重要生态基础设施。

图 1-1　少数大湿地和大量小微湿地镶嵌构成国土空间的湿地景观图式

1.2　小微湿地概念

　　小微湿地是指全年或部分时间有水、面积在 8 hm² 以下的海岸湿地、湖泊湿地、沼泽湿地、人工湿地以及宽度 10 m 以下、长度 5 km 以下的河流湿地，可分为自然型及人工型两大类。自然型小微湿地是自然演变形成的，主要包括小湖泊、河湾、塘（图 1-2）、沟（图 1-3）、泉（图 1-4）、壶穴沼泽、春沼（图 1-5）、湫洼湿地（图 1-6）、斜坡湿地（图 1-7）、湿洼地（图 1-8）、溪流、泉等。自然型小微湿地具有面积小、生物多样性独特、梯度变化较大和对环境变化反应敏感的特点。人工型小微湿地是指人为活动形成的湿地景观斑块，包括雨水花园（图 1-9）、暴雨储流湿地（图 1-10）、生物洼地（图 1-11）、生物沟（图 1-12）、污水处理湿地场、城市小型景观水体、养殖塘、小块水田等。

图 1-2　江西省兴国县三僚村的湿地塘

图 1-3　江西省兴国县三僚村起水文连通作用的湿地沟道

图 1-4　云南省大理州鹤庆县新华村的泉

图 1-5　云南省大理州鹤庆坝子的春沼

图 1-6　重庆市大学城重庆城市管理职业学院校园内的湫洼湿地

图 1-7　四川省屏山县环崖丹霞地貌区的斜坡湿地

图 1-8　重庆市梁平区双桂湖北岸梁山草甸的湿洼地

图 1-9　重庆开州区汉丰湖南岸的雨水花园

图 1-10 暴雨储流湿地

图 1-11 重庆市开州区汉丰湖南岸的生物洼地

图 1-12　重庆市开州区汉丰湖南岸的生物沟

湿地作为城乡生态基础设施的重要组成要素，其存在形态除了大中型湖泊、河流、沼泽湿地外，更多的是以小型湖库、小型河溪、塘、堰、沟、渠、井、泉、春沼、湫洼湿地、斜坡湿地等小型和微型湿地存在，我们将其称为"小微湿地"。虽然我们把小微湿地的面积定义为 8 hm^2 以下，但事实上，自然界存在的绝大多数小微湿地的面积都远远小于 8 hm^2。面积为几平方米和几十平方米的小微湿地广泛存在，这些城乡小微湿地不仅在形态结构上呈现出小家碧玉式的景观美感，而且具有重要的生态服务功能。塘、堰、沟、渠、井、泉、溪、春沼、湫洼与城乡生产、生活方式相依相伴，这些看似在空间上离散分布的小微湿地，通过流域内的沟、渠、溪的联结，实现了功能上的有机联系，构成城乡区域的"小微湿地网络"（图 1-13）。

图 1-13　江西省三僚村乡村小微湿地网络

（可见图中的各种湿地塘通过线性沟渠、河溪连通成网）

1.3　国内外小微湿地研究进展

不同国家对小微湿地有不同的称谓和定义。欧洲对小微湿地中的主要类型——"池塘"（Pond）进行了相关研究。英国在 2000 年制定的《池塘、水塘和小内湖：苏格兰小水体管理和建设的优秀实践指南》中，指出池塘（Pond）是全年或部分时间有水的、面积为 1 ~ 20 000 m^2 的人工或自然的淡水水体；英国在 2007 年开展的"乡村调查"（Countryside Survey）中指出，池塘是指每年至少 4 个月有水、面积为 25 ~ 20 000 m^2 的水体。欧洲池塘保护网络（European Pond Conservation Network，EPCN）认为：池塘是面积低于 10 hm^2 的小水体，广泛存在于全球各地，约占全球地表静水水体面积的 30%。美国从 20 世纪 40 年代开展的"小湿地项目"（Small Wetlands Program）对北美草原壶穴区域（The Prairie Pothole Region of North America）的湿地进行了调查，起调面积为 0.08 hm^2，所调查的湿地平均面积不超过 10 hm^2，并将这些湿地统称为小湿地（Small Wetland）。

过去，在小微湿地研究方面，国际上有一些零星的工作，主要集中在欧洲和北美洲，以英国、欧盟和美国为主开展了一些工作。英国分别在 1984 年、1990 年、1996 年、1998 年和 2007 年进行的"乡村调查"中，对 2 hm^2 以下的池塘数量和生态状况开展了调研；苏格兰在 1990 年对其境内的小型湿地进行了调查，结果表明苏格兰境内的湿地以小微湿地为主。Biggs 等编制的《池塘、水塘和小内湖：苏格兰小水体管理和建设的优秀实践指南》，对苏格兰及其他区域小微湿地的恢复和管理具有指导作用。

欧洲池塘保护网络于 2004 年在瑞士日内瓦成立，多年来开展了大量的欧洲池塘保护工作，如英国的"乡村调查"（Countryside Survey）、"百万池塘项目"（Million Ponds Project），西班牙的"池塘与生活项目"（Ponds With Life），及"促进欧洲及地中海区域的池塘保护项目"（The Pro-pond Project 2007—2010）。EPCN 还于 2007 年发布了"池塘宣言"（The Pond Manifesto），旨在促进欧洲和北非的池塘保护。

美国从 20 世纪 40 年代开始，针对北美洲的草原壶穴湿地开展了"小湿地项目"（Small Wetlands Program）研究。美国鱼类及野生动植物管理局（U.S. Fish and Wildlife Service）对美国境内的壶穴湿地进行了调研，发布了《美国壶穴湿地现状及发展趋势（1997—2009）》的报告。研究表明，从 1997 年到 2009 年，美国壶穴湿地总面积减少了 30 100 hm^2，丧失湿地的平均面积为 0.3 hm^2，均为小微湿地。

湿地作为乡村景观最重要的生态基础设施，对乡村景观的长久维持、乡村景观生态服务功能的有效发挥和优化起着非常重要的作用。乡村湿地类型多样，主要以小微湿地形态存在。然而，小微湿地的生态功能在很大程度上被忽略了，主要是因为这些小微湿地被认为难以管理，以及这些小湿地不在大多数湿地清单的范围内。

对乡村小微湿地的专门研究尚处在起步阶段。国外对小微湿地的研究在小型静水生态系统方面的工作较多（Small Standing-Water Ecosystem，SWE），认为 SWE 面积在 1 m^2 到数 hm^2（$\leq$ 10 hm^2）之间，包括小型湖泊、池塘等，强调 SWE 的小微自然特征（Small Natural Feature，SNF）对全球生物多样性保护的关键贡献。从保护角度来看，小型静水生态系统（SWE）在空间大小和结构复杂性方面，较好地定义了小微自然特征（SNF），例如，泉和临时性湿地。这些研究都强调了 SWE 已经成为生物多样性热点的关键作用。小、浅、季节性、水文周期短（2 ~ 4 个月）的湿地在有机质和营养物的截留方面发挥着重要作用，并且由于它们分布广泛，在保护流域水质方面发挥着重要的生态功能。

在欧洲，学者们对英格兰农业景观中的小微湿地类型及其生物多样性进行了研究，比较了农业区域内五种小微湿地类型（沟渠、湖泊、池塘、河流和溪流）的生物多样性，研究了小微湿地对英格兰低地农业景观区的植物和大型无脊椎动物物种丰富度和稀有性的贡献，发现小微湿地，特别是池塘对区域水生生物多样性具有重要贡献。在整个研究区域内，池塘支持的物种数量最多，物种稀有性指数最高。研究表明，这些小微湿地实际上可能会作出与其面积不成比例的巨大贡献，尤其是在物种丰富度和物种稀有性的维持方面。

许多结构简单的小微湿地是维持无脊椎动物和两栖动物种群多样性的重要生境，它们是大型食物网的重要组成部分。那些经常季节性干涸的小湿地可以满足两栖动物庇护和繁殖的双重需要：躲避捕食性鱼类和为无脊椎动物提供良好庇护场所，确保两栖动物成功繁殖。在世界各地，短暂的小湿地庇护着许多极为罕见和孤立的分类群，并导致异源物种形成。美国学者认识到小湿地对当地湿地动物种群持续生存的重要性，他们发现在没有湿地丧失的条件下，当地海龟、小鸟和小型哺乳动物的种群是稳定的，在失去小湿地后面临着显著的灭绝风险。小湿地在某些湿地动物类群的迁移动态中发挥了更大的作用。小湿地的存在可能是某些湿地类群，特别是那些低种群增长率和低密度类群持续存在的关键。Russell 等人（2002）的研究确定了小型孤立湿地（0.38 ~ 1.06 hm^2）是美国南卡罗来纳州沿海平原森林中两栖动物和爬行动物丰富度的焦点，他们在这些湿地中调查到 20 种两栖动物和 36 种爬行动物，并得出结论，认为它们对区域生物多样性的影响远大于其小规模面积和短暂的水文周期。在美国，Moler 和 Franz（1987）提出，生活在一个小的（1 hm^2）孤立湿地内及其周围的蟾蜍可以维持占据大的（1 000 hm^2）栖息地的蛇种群，充分说明了这些小型孤立湿地的重要性及其在食物网络动力学中的潜在作用。

中国在小微湿地方面的科学研究还很少。中国于 2003 年和 2013 年完成了两次全国性湿地资源调查。2003 年完成的第一次全国湿地资源调查的起调面积为 100 hm²；2013 年完成的湿地二调的起调面积与国际接轨，调整为 8 hm²。在湿地资源二调中，由于起调面积为 8 hm²，所以对 8 hm² 以下的小微湿地没有进行调查监测，缺乏相应的数据。在国土资源三调中，湿地起调面积确定为 600 m²。在我国不同的地理区域中，小微湿地还有很多不同的称谓，如陂、泾、浜、涌、泡、箐，等等。

由于对小微湿地缺乏监管政策和监管机制，我国小微湿地大部分面临被侵占、被污染等问题。在湿地保护恢复和合理利用方面，中国在近 30 年来，均着重于大型湿地的保护和管理，通过建设自然保护区、湿地公园等方式，对这些大型湿地进行了良好的保护恢复及监测管理。近几年来，由于认识到小微湿地的重要作用，开始逐步开展相关的保护恢复工作，且由于我国的小微湿地大量分布在乡村区域，因此多以"乡村小微湿地"的形式出现。近几年，我国在乡村小微湿地的保护和利用方面做出了较大贡献，如重庆梁平区的梯塘小微湿地、竹林小微湿地、环湖小微湿地群等，江苏省常熟市的沉海圩、蒋巷村、泥仓溇乡村湿地等。

1.4　小微湿地的功能

小微湿地具有重要的生态服务功能，如水源涵养、污染净化、生物多样性保育、土壤保持、局地微气候调节、碳汇、景观美化、休闲旅游、科普教育等。

1.4.1　水源涵养与土壤保持

小微湿地在水循环中具有重要作用，主要体现在雨水收集和净化涵养方面。早在秦汉时期，我国就有修建塘坝来拦蓄雨水用于灌溉的记录。作为地表洼地系统，塘生态系统具有涵养水源、截留地表径流、减缓峰值径流、净化水质、补给地下水、调节小气候、缓解城市区域热岛效应等作用，因此被用于城市雨洪管理、水敏性设计、农业面源污染控制等方面。大多数塘通过溪沟、渠道与河流相连，大小不同的塘发挥着蓄水、滞洪、削峰的功能，在拦截洪水、减轻洪水影响方面起着重要作用。

利用塘的水循环功能，修建小型塘群系统，降低城市地表硬化率，是城市雨洪管理和"海绵城市"建设中增强地表持水能力的有效措施之一。Ibrahim 等人（2018）通过实地调查发现，农业塘具有明显的削峰滞洪功能，在 494 个农业塘中，70% 的农业塘提供的削峰滞洪量超过了该地 1 年总量的 78%。然而，快速城市化进程使得大量塘系统、洼地被随意破坏，极大威胁着城市水循环过程。

小型塘系统是山地区域的重要水利设施，尤其是在中国西南山地丘陵区域，广泛分布的山坪塘既是生产用水的水源，也是牲畜饮用水的来源之一，有效地缓解了丘陵地区水资源时空分布不均的农业用水问题。塘系统还能减少径流对土壤的侵蚀，是水土保持的有效措施。在我国干旱与半干旱地区，水池、水窖是常见的蓄水设施。

1.4.2　生物多样性维持与保育

小微湿地是重要的淡水生境。英国对塘进行了长达 15 年（1989—2004）的调查。研究表明，与灌渠、溪沟、河流和湖泊这些淡水生境相比，农业地区的塘对维持水生生物多样性及区域生物多样性的贡献更大，且维持了更多的稀有物种。塘在区域生物多样性保护网络中发挥着重要作用，Williams 等（2008）对位于格拉斯兰毗邻泰晤士河的 Pinkhill 草地总计 3.2 hm^2 的塘系统进行了长达 7 年的监测。结果表明，这些由永久、半永久和季节性塘组成的塘系统具有丰富的水生植物、水生无脊椎动物和湿地鸟类多样性，其种类数约占英国湿地植物和无脊椎动物种类数的 20%，其中有 8 种珍稀无脊椎动物，有 54 种涉禽、水禽和湿地鸟类，并为三种涉禽提供了繁殖场所。塘是很多濒危水生生物的栖息地和庇护场所，在景观尺度上提供了生物物种迁移"踏脚石"的作用。以物种丰富度和稀有性来衡量，池塘的生物多样性几乎可以与其他淡水生态系统（如湖泊、河流、溪流和沟渠）相比。

塘是淡水景观中生物多样性的重要栖息地。研究表明，塘比其他淡水栖息地能够支持更多的物种和更罕见的物种，约 70% 的淡水物种利用塘生境。塘也是许多半水生无脊椎动物和植物占据的生态交错带。在英国的半自然景观中，每 5 个塘中就有 1 个至少支持 1 个红皮书中的濒危物种。

单个池塘和塘群形成的小微湿地网络对生物多样性非常重要。单个塘可作为陆地和水生生物的热点区和避难所，特别是在密集耕种的乡村景观中。池塘网络是两栖动物栖息地的重要组成部分。许多无脊椎动物，包括蜻蜓，都需要池塘网络长期维持其种群。

研究表明，与地表水相连的小微湿地可以为许多鱼类物种提供重要的产卵场和卵苗苗床。这样的小微湿地通常包括连接地面排水沟和地表水的食物场和半天然沟渠。有越来越多的研究者对管理沟渠以提供湿地生态系统服务感兴趣。尽管沟渠面积小，但它可以蓄水，有效充当小型线性湿地，起到连通小微湿地的作用，对水禽的生存也有很多好处。

1.4.3 污染净化与物质循环

小微湿地生态系统是开放的物质循环系统，能够接受来自周边的含碳、氮、磷等物质的输入，被动植物利用或微生物分解，形成小微湿地系统的物质循环。

自然水塘等小微湿地系统对降雨汇流进入的农业非点源氮具有显著的净化和截留效应。水塘中的植物种类、覆盖率及生长状况均影响塘系统对氮的净化效果。夏季水温高，植物生长旺盛，覆盖率较高，微生物活跃，因此对总氮（TN）的削减率最高。通常在入湖小流域区广泛分布着大量的自然及人工塘系统，对非点源污染具有明显的截留和净化效应，可显著降低区域内产生的氮、磷等营养物质向自然水体的输入。

塘系统在全球碳循环中扮演重要角色。天然塘系统具有水层薄、沉淀率高的特点，因此可成为潜在的陆源碳、氮、磷"汇"。Downing 等人（2008）推测，世界上所有的农场池塘可能比海洋掩埋更多的有机碳，与全世界河流向海洋输送的高达 33% 有机碳占比相似。塘在全球生物地球化学循环过程中的作用越来越受到关注。在安徽巢湖流域，被当地原住民称为"当家塘"、由相互连接的塘 - 沟构成的多塘系统，已在流域内形成一个巨大的物质循环流动体系。

1.4.4 重要的农业文化遗产

在中国几千年的农耕文明发展过程中，劳动人民创造了众多富有智慧的小微湿地，尤其是在乡村塘生态系统方面。中国传统农耕时代各种类型的塘系统，如陂塘、桑基鱼塘、风水塘等，无不蕴含着生态智慧，是宝贵的农业文化遗产。这些生态智慧是千百年来劳动人民对自然塘系统生态结构、功能、自然演变历程长期观察，吸取自然塘的生命智慧（如自然塘的自我设计、协同进化、互利共生、自然韵律、梯度适应机制等所呈现的生命智慧），通过辨识、理解、归纳、分析、判断、提炼而形成的关于塘系统的综合知识体系和能力，这就是传统农耕时代塘的生态智慧。在中国，那些闪耀着生态智慧光芒的农业文化遗产塘系统包括：陂塘、桑基鱼塘、基围塘、风水塘、多塘系统、稻田 – 陂塘复合体，等等。

缘起于春秋战国时代的陂塘，除了用作农业灌溉，还用来种莲、种菱、养鱼等，发展多种经营，促进了中国古代农业经济的发展。建成于 2600 年前的芍陂（今安徽省寿县安丰塘），是一座引、蓄、灌、排较为完整的陂塘工程，由引水渠、陂堤、灌溉口门、泄洪闸坝、灌溉渠道等组成，其建设充分利用了自然地形和当地水源条件，选址科学、设计巧妙、布局合理，完美体现了尊重自然、顺应自然、融入自然的理念，其与自然和谐的岁修制度、用水管理等相关制度，保证了芍陂迄今还在发挥功能，并被国际灌溉排水委员会认定为世界灌溉工程遗产，被国家农业部认定为中国重要农业文化遗产。兴起于 400 年前的桑基鱼塘，是珠江三角洲劳动人民在长期生产实践中充分利用当地优越的水陆资源创造出来的一种特殊基塘农业方式，实现了种桑、养蚕、养鱼三者相互联系、相互促进的多样化循环生产，是宝贵的农业文化遗产。其价值表现在：具有丰富的生产多样性、生物多样性和文化多样性，体现了人与自然和谐共处、人与社会协同进化，蕴含着朴素的循环经济思想与生态智慧。

第 2 章

多样小微湿地

——小微湿地类型及特征

2.1 小微湿地类型

小微湿地是指全年或部分时间有水、面积在 8 hm² 以下的海岸湿地、湖泊湿地、沼泽湿地、人工湿地以及宽度 10 m 以下、长度 5 km 以下的河流湿地，可分为自然型及人工型两大类。

自然型小微湿地广泛分布在平原及山地丘陵区域，且类型众多。自然型小微湿地的存在，其主要原因是存在水源及地形的差异。大量临时性小微湿地的存在，如春沼（Vernal Pool），就是因为地形起伏和微地貌组合的变化而形成的。

乡村的小微湿地类型多样，如小型湖库、小型河溪、沟、渠、塘、堰、井、泉、春沼、湫洼等。在不同的地理区域，这些小微湿地还有很多不同的称谓，如陂、泾、浜、涌、泡、箐等。乡村小微湿地呈现出小家碧玉式的美，不同于东北三江平原辽阔幽深的沼泽湿地，也不同于青藏高原磅礴大气的高原湿地，更不同于长江中下游平原烟波浩荡的湖群湿地。乡村小微湿地最典型的特征，是表面上看来其空间分布上的不连续性，尤其是在地形破碎的山地丘陵区域，空间不连续性表现似乎更为明显。以塘为核心的沟、渠、塘、堰、井、泉、溪、田等各要素，组合形成乡村小微湿地群（图 2-1）。以沟、渠、塘、堰、井、泉、溪、田等形式存在的小微湿地，与乡村生产、生活相依相伴。这些看似在空间上离散的小微湿地元素，通过乡村小流域的沟、渠、溪的联结，实现了生态功能的有机联系，也实现了包括水文流、营养物质流、物种流等在内的生态过程联系。

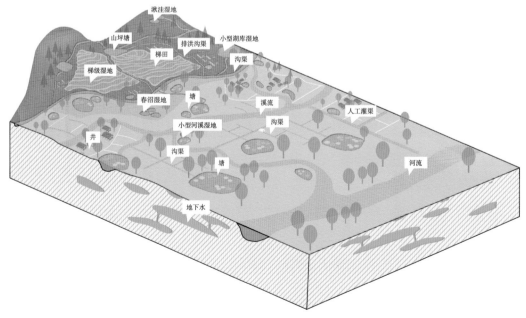

图 2-1 乡村小微湿地群示意图

2.2　小微湿地生态系统组成

与其他类型的生态系统一样，小微湿地生态系统由非生物要素和生物要素两大部分组成。其中，非生物成分主要包括水、土壤、沉积物等，生物要素则包括浮游生物、水生植物、底栖动物、水生无脊椎动物、鱼类、两栖类、水鸟等。以塘为例，小微湿地水体及其中的营养物质主要来源是雨水、地表径流及其携带的泥沙、土壤和植物残体。由于小微湿地体积小，环境容量低，自我调节能力弱，其非生物环境极易受到干扰。

小微湿地生态系统的非生物成分除了水、土壤、沉积物，还包括水中的无机盐、有机物、溶解氧等。此外，小微湿地非生物成分还包括底质结构、微地形变化及微地貌组合等方面。

小微湿地生态系统的生物成分包括生产者、消费者与分解者三大功能群。作为一种浅水生态系统，小微湿地生态系统中生产者主要包括水生维管植物、浮游植物；消费者主要包括浮游动物、水生昆虫等无脊椎动物、底栖动物、鱼类、两栖类、水鸟等；分解者则主要指水体和沉积物中的微生物和部分小型、微型底栖动物，三者通过构建复杂的食物网来实现小微湿地的物质循环和能量流动。

2.2.1　小微湿地的环境要素

小微湿地环境是由来自陆地和水生栖息地的一系列环境要素相互作用、相互影响而形成的。小微湿地自身的结构多变和区域地理环境复杂使得小微湿地的非生物要素具有多样性。这种多样性进一步决定了区域小微湿地群在应对环境变化中的韧性和可塑性。Magnusson 等（2006）认为，不同小微湿地理化性质的差异首先是由小微湿地自身的结构（基质、水深、表面积、植被、碎屑输入和生物群落）和所处的地理环境决定的；其次是食物网的变化。地理环境的差异又可导致小微湿地形态、结构的变化，从而对关键理化性质及生态系统服务功能产生影响。

由于体积小、环境容量低、自我调节能力弱，小微湿地生态系统的非生物环境极易受到干扰。多变的环境条件导致小微湿地生态系统的非生物要素特征不尽相同。对岩石区域塘的研究表明，塘自身结构特征是导致其理化变量波动的主要因子；同时，岩石塘 pH 值的变化比黏土区的塘更明显。此外，人为活动和土地利用方式也是影响塘水体理化性质的原因。对美国俄亥俄州凯约加河流域 30 个塘群系统的研究表明，塘水体理化性质有显著变异，电导率变化范围为 21 ～ 719 mmho/cm，与周围农业用地比率呈显著正相关关系；溶解氧和水深变化范围分别为 0.16 ～ 20.00 mg/L 与 0 ～ 28.0 cm，呈现显著的季节变化。季节变化和水文周期长度对塘生态系统 pH 值、营养物质和叶绿素 a 等具有重要影响。Tavernini（2008）的研究表明，季节变化导致水文周期的变化，对临时性塘中浮游动物群落结构影响较大，而永久性塘则表现出不同的浮游动物季节性模式。短暂积水塘（Ephemeral Pond）中溶解氧和 pH 值存在高度的空间变化，这些空间变化甚至可能在小范围内发生，即相邻的塘在温度、溶解氧、pH 值和电导率等方面存在巨大差异。从全球空间尺度上看，不同纬度地区的塘理化特性同样差异明显。例如，在夏季，温带地区浅水塘的表层水温可能接近 40 ℃，而高山和北极地区水温可能在 0 ℃以下。研究结果表明，在自身结构、地理环境、人为干扰以及气候条件等因素影响下，形成了类型多样的小微湿地，且因其具有广泛的环境变异性，从而维持了生境多样性。

2.2.2 小微湿地生物种类组成

湿地是众多濒危野生动植物，特别是珍稀水禽的栖息、繁殖和越冬地。由于面积的限制，小微湿地不可能成为大型哺乳动物或大型水鸟永久的栖息地，但却是某些特殊动物的重要生境。

小微湿地作为相对稳定的小型淡水生态系统，其理化环境可由捕食者沿食物链顶端至底端或由可利用资源沿食物链底端至顶端来调节，这种规律在小微湿地生态系统中同样不可忽视，且受到隔离程度的影响。捕食者自上而下调节塘等小微湿地系统表现在：向塘中添加顶级捕食者时，可以增强无脊椎动物的捕食压力，促进水体中叶绿素 a 含量增加，同时调节鱼类和浮游动物种群大小；排除空中昆虫种群时能增加叶绿素 a 和磷的含量，并增加水体溶解氧浓度。资源自下而上的调节可通过塘岸植被及其茎叶凋落物来说明：生长在塘边的高大乔木冠层通过遮荫作用降低塘中浮游植物的光合作用，也可季节性地为塘生态系统提供丰富的凋落物；凋落物则通过浸出作用直接影响理化环境，通过微生物和生物利用底物间接影响理化环境。向塘中添加凋落物可使溶解氧浓度和 pH 值降低、磷含量增加；去除凋落物，则可使溶解氧浓度和 pH 值升高，以及导致叶绿素 a 的变化。凋落物对塘食物网的结构和组成也有一定影响。通过分析 10 种不同化学性质的凋落物对温带塘中微生物、藻类、无脊椎动物和脊椎动物自下而上的影响发现，大多数生物反应与凋落物的可溶性碳含量或凋落物衰减率呈显著负相关关系，其次是凋落物酚类浓度和 C ∶ N 值。凋落物往往是塘中生物的重要食物来源，拦截凋落物后，某些生物类群的生物量会下降，投入凋落物后则迅速恢复。Batzer 等（2007）在美国明尼苏达州北部的两个季节性林地塘中做凋落物截留实验来评估塘无脊椎动物与凋落物的相互作用时也发现此规律。但其中一个塘的表现说明拦截作用似乎对无脊椎动物生存有利，作者认为这是由于在干旱季节，凋落物对无脊椎动物或繁殖体可能有保护作用，但在潮湿的夏季，塘保持淹水状态时，就可能出现缺氧问题，不利于无脊椎动物繁殖。

两栖动物和爬行动物不一定需要大型的或植物区系多样的湿地，小型的、结构简单的湿地通常对它们具有更高的价值。小微湿地中的水体通常较浅，会随着季节变化淹水或干涸，水位变化增强了湿地的初级生产力，有利于旱生植物和水生植物同时存在，为两栖动物和爬行动物提供相对充足的食物。因为一年中只有部分时间有水，不适合肉食性鱼类生存，减少了捕食两栖动物卵和幼体的机会，提高了两栖动物的存活率。此外，与周边湿地相连的某些小微湿地，如河漫滩上的水塘、与地表水相连的沟渠等，可为多种鱼类提供重要的产卵和育苗场所。含钙和镁离子较高的岩溶洞穴湿地（面积通常小于 $0.25\,hm^2$）则是某些罕见的耐钙植物的生存场所。

目前，关于小微湿地的面积还没有清晰的范围界定。生态学家一般通过考虑局域种群所需的生境面积、种群生存力等确定栖息地或者自然保护地的面积。在国内外开展的相关研究和湿地恢复实践中，小微湿地的面积根据其所保护的种群类型和功能，从 $0.1\,hm^2$ 到几 hm^2 不等，其中 $1\,hm^2$ 左右的小微湿地在维持两栖动物和爬行动物多样性上发挥了重要作用。

小微湿地的斑块形状各异，斑块内部和边缘区域的物质循环和能量流动存在较大差异。相比于大型湿地，同等面积的小微湿地通常具有更长的水陆岸线长度和生态交错区面积，可增强某些特殊的生态过程。同时，小微湿地通常作为离散斑块存在于大型湿地之间，可以作为物种迁移的"踏脚石"，尤其对一些迁移距离不远的两栖动物和部分昆虫等提供关键栖息地，同时也为某些水鸟生命周期的特定阶段提供停歇地和栖息地。有些小微湿地是地理上的孤立斑块，能够为某些珍稀和隔离的物种提供庇护所。

2.3　小微湿地生态系统结构

2.3.1　小微湿地生态系统空间结构

空间结构是指组成生态系统的非生物要素和生物要素在垂直空间和水平空间的排布方式。以塘为例，其垂直结构包括从塘底土壤深层到表层，从深水到浅水，从塘岸到高地，形成一个沿高程梯度分布的空间格局（图 2-2），这同时也是一个水分梯度。

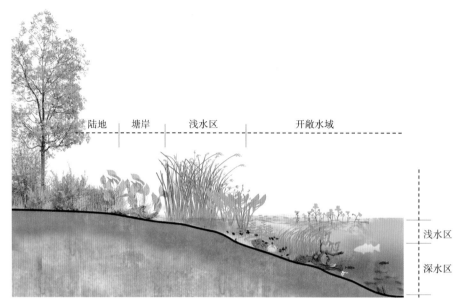

图 2-2　小微湿地生态系统的垂直空间结构

以塘为例来看小微湿地的空间结构,通常将塘分为:开敞水域、塘底、浅水区、塘岸。在塘的开敞水域,分布有浮游植物、浮游动物。塘底部包括沉水植物、生活在底质中的底栖动物(底内动物),也包括生活在其表面的底栖动物(底上动物,如各种蚌类、甲壳类等)。塘的浅水区既有沉水植物分布,也有挺水植物和浮叶根生植物;通常两栖类生活在该区域,挺水植物的根、茎能够为这些动物提供庇护所。

塘的空间结构的影响因素包括塘自身非生物结构、时空变化、人为干扰以及捕食者自上而下与资源自下而上调节几种方式。塘为生物生存提供了生境。保证塘结构完整、水质良好,维持塘生态系统的健康与稳定,对维持塘生物多样性乃至区域淡水生物多样性有重要意义。环绕塘岸的维管植物可形成生态缓冲带,在塘的水体与陆地之间起过滤、拦截和净化作用。塘中的浮游植物、浮游动物以及鱼类,与塘生态系统的健康密切相关。底栖生物是维持塘生态系统稳定的关键因素,它们对水质净化非常重要。

对于不同的小微湿地,从水底到水面,再到小微湿地周边的植物群落,垂直结构排列各不相同。水平结构则是指水平方向上小微湿地的斑块状镶嵌现象(图 2-3),由于地表的不均一(微地形的起伏),还有水资源在地表分布的不均一,导致形成水平镶嵌结构。在自然流域和乡村景观中,小微湿地形态多样,且分布较为分散,通过沟、渠等结构或者地下水相连,构成乡村小微湿地网络,这些乡村小微湿地在水平方向上既相互独立,又相互关联。

图 2-3　小微湿地生态系统的水平空间结构

2.3.2　小微湿地生态系统营养结构

在小微湿地内部，生态系统各组成成分之间建立起来的营养关系，通过众多的食物链构成食物网，构成了小微湿地生态系统的营养结构。生产者（水生维管植物、浮游植物）、消费者（浮游动物、水生昆虫、底栖动物、鱼类、水鸟等）和分解者（水体和沉积物中的微生物和部分微型、小型底栖动物）之间，以食物营养为纽带形成的食物链和食物网（图 2-4），是构成物质循环和能量转化的主要途径，也是生态系统中能量流动的渠道。

图 2-4　小微湿地生态系统的营养结构

小微湿地结构的影响因素可归纳为小微湿地自身非生物结构、时空变化、人为干扰以及捕食者自上而下与资源自下而上调节等方式。理化环境的变化又反过来影响生物组成的变化，形成生物与环境、环境与生物相互影响、协同作用的格局。城乡小微湿地因其独特的结构特征，对城乡面源污染控制、雨洪管理、生物多样性维持和景观美化优化等至关重要。

2.4 小微湿地生态特征

1）小微湿地与大湿地镶嵌交错存在

在区域和流域中，常常呈现出少量的大型湿地（如大江、大河、大湖等大面积湿地）与大量的小微湿地交错镶嵌存在的空间格局，由此形成区域和流域湿地复合结构。在区域和流域湿地复合结构中，小微湿地不可缺少，发挥着重要的生态服务功能。

2）大量小微湿地在空间结构和功能上相互联系，构成小微湿地群

小微湿地不是孤立存在的，各种小微湿地类型之间，在空间结构和功能上具有密切的联系，常常构成小微湿地群（Small and Micro Wetland Group）。

3）小微湿地网络与流域水系形成了密切的水文联系

那些看似在空间上呈离散状态的小微湿地，实际上通过可见的地表河溪、沟渠或降雨季节具有明显流水的溪、沟，以及地下水流，形成了密切的水文联系，构成小微湿地网络。以水文联系为媒介，各小微湿地之间加强了营养物质联系、物种联系。

4）小微湿地的形成和发育，与地形和水资源的赋存状态紧密耦合

小微湿地的存在形式主要表现为塘、沟渠、春沼、湫洼等，这些小微湿地类型大多数与负地形紧密关联。从这个角度，很容易理解为什么流域面上，小微湿地广泛分布，就是其各种小微尺度的地形凹陷，常常积水发育湿地。在小微湿地的发育过程中，负地形常常与水资源耦合，无论是地表水，还是地下水，当遇到凹陷的地形时，水的长时间积聚奠定了小微湿地形成的基础。

5）小微湿地是流域淡水生物多样性保护网络中的重要节点

小微湿地虽然面积小，但一些动物，如两栖类中的蝾螈等有尾类，常常依赖于小微湿地产卵繁殖，这是因为这些小微湿地缺乏两栖类的捕食性天敌——肉食性鱼类。另外，如鲎虫等无脊椎动物常常以小微湿地作为其栖息场所。图2-5所示为河北省尚义县察汗淖尔道路上的临时性小微湿地中栖息的鲎虫，它是背甲目鲎虫科甲壳动物，是典型的栖息在小微湿地中的水底栖居动物，其卵属于休眠卵，可在地下休眠1～25年

不等，当条件适宜的时候，便会终止休眠，幼虫破壳而出。因此，小微湿地具有其他淡水水域所不具有的一些生物种类或类群，成为淡水生物多样性保护的重要节点。

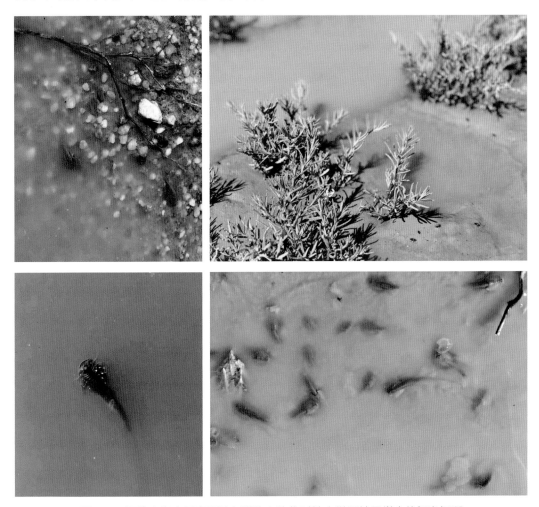

图 2-5　河北省尚义县察汗淖尔道路上的临时性小微湿地是鲎虫的栖息场所

6）小微湿地是丘区重要的湿地存在形式和水资源的重要储存场所

丘区特定的地形条件，使得由岗丘围合形成一个个可辨识的丘区单元（图 2-6）。每个丘区单元包括丘顶、丘坡、丘麓、丘间，丘间常常有水田、水塘分布，水塘也分布在丘坡甚至丘顶上；丘间出口汇集为小溪、小沟。在地下水丰富的区域，地下水出水常常顺丘坡渗流，在丘坡及坡麓因地势低洼而形成斜坡湿地及潨洼湿地等。因此，小微湿地是丘区重要的湿地存在形式，并发挥了重要的储水、雨洪调控等生态服务功能。

图 2-6　梁平区明达镇典型丘区单元及丘间小微湿地

2.5　小微湿地网络

　　小型湖库、小型河溪以及水塘、沟渠、洼地、壶穴沼泽、春沼、湫洼等小微湿地，通过线性的小型河溪及沟渠，形成了有机的功能联通（通过河溪沟渠实现水文流、物种流、营养物质流等功能联系），构成完整的湿地网络——小微湿地网络。小微湿地网络发挥着调节局地小气候、满足水源涵养等功能，对面源污染起着净化作用。研究表明，小微湿地对溶解性有机碳、氮的去除、转化效果在一定程度上取决于小微湿地的水文连通性。水文连通性越好，去除、转化效果越好。

　　与地表水相连的小微湿地可以为许多鱼类物种提供重要的产卵场和卵苗苗床。具有这种能力的小微湿地通常包括连接地面排水沟和地表水的食物场和半天然沟渠。有越来越多的人对管理沟渠以提供湿地生态系统服务感兴趣。尽管沟渠面积很小，但它可以蓄水，有效充当小型线性湿地，起到连通小微湿地的作用，对野禽的生存有很多好处。

　　乡村小微湿地网络的重要景观特征和生态学特征就是其连通性。连通性概念，首先由 Merriam（1984）在生态学中提出，并已在水文和地貌学领域得到了广泛应用。控制连通性的不同因素使得区分两种连通性成为可能，即结构连通性和功能连通性。景观连通性是景观生态学中经常出现的主题，连通性不仅因为其实现了不同景观要素之间的物质连通关系，而且还因为它被认为是任何生物种群长期受保护的关键。两栖动物是世界上受威胁最大的脊椎动物，在欧洲主要是受栖息地的改变以及它们特殊的生命周期的影响。研究结果表明，池塘网络的结构连通性对两栖动物物种丰富度格局有影响，是影响某些物种存在的重要因素。景观连通性在决定离散分布的池塘中两栖动物（功能）拓殖模式方面具有重要作用。

乡村景观中的小微湿地网络结构连通性意味着，沟、渠、塘、堰、井、泉、溪、壶穴沼泽、春沼、湫洼、湿洼地等乡村小微湿地元素通过沟渠、河溪线性生态廊道，形成与乡村景观协同的整体空间结构。功能连通性则表明，通过沟渠、河溪线性生态廊道，塘、堰、井、泉、溪、壶穴沼泽、春沼、湫洼、湿洼地等各类型小微湿地之间的水文流、营养物质流、物种流能够有序持续进行。事实上，乡村小微湿地网络又与林地、草地、农田、树篱等乡村景观要素紧密相连，由此构成乡村生态网络，因此小微湿地网络是乡村景观生态网络的重要组成部分。

Davies 等人（2008）的研究表明，池塘等小微湿地对区域水生生物多样性具有重要贡献，加上它们相互连通形成的独特湿地网络（小集水区），意味着它们是最有价值的。鉴于可用于保护农业景观中水生生物多样性的土地面积有限，此类微型集水区（小微湿地网络）的保护可能是保护水生生物多样性措施的重要补充，使得保护水生生物多样性的这种小微湿地网络能够存在于可持续的乡村景观中。建立乡村小微湿地之间的连通性，不但对湿地的合理管理、保护和恢复非常重要，而且对乡村景观生态网络的保护具有重要意义。

第 3 章

丘区生态单元

——梁平丘区小微湿地

3.1 梁平区自然环境概况

3.1.1 地理位置

梁平史称梁山，别称都梁。1952 年取"高梁山下有一平坝"之意，更名为梁平。梁平区位于重庆市东北部，地处川东平行岭谷区，地形地貌特殊，境内有低山、丘陵、平坝三种地貌类型。梁平区东西横跨 52.1 km，南北纵贯 60.35 km。东邻重庆万州区，南接重庆忠县、垫江县，西连四川省大竹县，北倚四川省达州市通川区、开江县。辖区面积为 1 892.13 km²，辖 33 个乡镇（街道），268 个村、75 个社区，总人口 93 万。

3.1.2 地貌

梁平地貌由于受地质构造、地层分布和岩性的控制，以及受水文作用的影响，呈现"三山五岭，两槽一坝，丘陵起伏，六水外流"的自然景观，形成低山、丘陵、平坝兼有，以丘陵为主的特殊地貌。境内有东山、西山和中山，均呈北东走向，平行排列，互不衔接，海拔最高 1 221 m，最低 221 m。"三山"之间分布着许多起伏不平的丘陵，东南和东北为深丘，中部和西北部为浅丘。在区境中部，东、西两山之间，有一块由古代湖泊沉积而成的平坝，地势平坦而开阔，海拔高程在 450 m 左右，相对高差约 10 m，被称为川东第一大坝，即梁平坝子。

3.1.3 气候

梁平属四川盆地东部暖湿亚热带气候区域。季风气候明显，四季分明，气候温暖，雨量充沛，日照偏少。气候特点是：春季气温不稳定，初夏多阴雨，盛夏炎热多伏旱，秋多绵雨，冬季暖和。无霜期较长，湿度大，云雾多。多年平均气温 16.6 ℃，极端最高气温 40.1 ℃，极端最低气温 –6.6 ℃，多年平均相对湿度 81%，多年平均日照时数 1 322.7 h。多年平均年降水量 1 256 mm，降水年内分配不均，4—10 月降水量约占年降水量的 86%，其中尤以 6—7 月降水最多，约占年降水量的 30.2%，12 月至次年 2 月降水约占年降水量的 4.86%。

3.1.4 水文

梁平地势高于四周相邻区县，为毗邻地区溪河发源地。境内有 6 条主要河流，即波漩河、普里河、黄金河、高滩河 - 龙溪河、茹溪河、明月江支流 - 新盛河，年径流总量 10.563 亿 m³。6 条河流干流长 224 km，62 条支流长 691.5 km。河流长度短，集雨面积不大，径流量不稳定。其中，高滩河干流最长为 60.2 km，集雨面积为 798 km²，其余 5 条溪河长度在 36 km 以内，集雨面积不超过 280 km²。这些河流发源于低山，上游较陡，平时流量小，大雨时山洪暴发易涨易退，流量变化大。梁平是长江左岸一级支流龙溪河的源头区域。

1）地表水

梁平区地表水资源主要由降水形成的地表径流构成。多年平均降水量 1 256 mm，年径流总量 10.563 亿 m³，径流深 557.5 mm。丰水年径流量为 13.73 亿 m³，平水年为 10.03 亿 m³，枯水年为 7.71 亿 m³，干旱年为 4.96 亿 m³。不同频率的径流量相差较大，反映出水资源的不稳定性。

2）地下水

梁平区地下水比较丰富，含水层面积 1 855 km²，含水量 0.649 亿 m³。梁平区境内的地下水主要由大气降水补给，夏季多，冬季少，受地质构造和地形地貌及含水层空间展布的控制。黄泥塘背斜核部是地下水蕴藏量最丰富地区，有 5 067 万 m³/年，占全区地下水总量的 40.7%。

3.1.5　土壤

梁平区土壤分为水稻土、冲积土、紫色土、黄壤土四个土类。在亚热带湿润气候条件和生物作用下，在地质构造与地形地貌影响下，主要森林土壤有紫色土、黄壤 2 个土类，7 个土属，即冷沙黄泥土、扁沙黄泥土、矿子黄泥土、暗紫泥土、灰棕紫泥土、红棕紫泥土、棕紫泥土等，土壤 pH 值为 5.5 ~ 7.5。

3.1.6　动植物资源

梁平区自然环境优越，生态环境质量优良，因此动植物种类繁多，尤其是在重庆竹种质资源中占有重要地位。梁平区共有陆生维管植物 1 322 种，隶属 168 科 703 属，其中，蕨类植物 17 科 30 属 51 种，裸子植物 8 科 15 属 20 种，被子植物 143 科 658 属 1 251 种。珍稀濒危野生植物 11 种，其中包括濒危（EN）3 种、易危（VU）8 种，2 种国家一级重点保护野生植物，9 种国家二级重点保护野生植物，3 种重庆市重点保护野生植物，21 种中国特有植物。

梁平区有脊椎动物 402 种，隶属 30 目 102 科。其中，鱼类 4 目 10 科 40 种，包括长江上游特有鱼类 3 种；两栖类 1 目 5 科 10 种；爬行类 2 目 11 科 26 种；鸟类 18 目 61 科 292 种，国家一级保护动物 3 种，国家二级保护动物 40 种，重庆市重点保护陆生野生动物 23 种；哺乳类 5 目 15 科 34 种，国家一级保护动物 3 种，国家二级保护动物 5 种，重庆市重点保护陆生野生动物 3 种。

梁平区有珍稀濒危树种 13 种，其中国家一级保护树种 9 种，二级保护树种 39 种，名木古树 582 株。竹类主要有白夹竹（*Phyllostachys bissetii*）、寿竹（*Phyllostachys bambusoides*）、斑竹（*Phyllostachys reticulata* 'Lacrima-deae'）和慈竹（*Bambusa emeiensis*）等，主要分布于明月山，绵延百里，誉为"百里竹海"。

3.2　梁平丘区生态特征

丘陵（Hill）是陆地基本地形之一，是指地球岩石圈表面形态起伏和缓、绝对高度在 500 m 以内、相对高度不超过 200 m、由各种岩类组成的坡面组合体，起伏不大，坡度较缓，地面崎岖不平，由连绵不断的低矮山丘组成。丘陵在陆地上分布很广，一般分布在山地、高原与平原的过渡地带，在欧亚大陆和南北美洲都有大片的丘陵地带。我国丘陵总面积约 100 万 km²，约占全国土地总面积的十分之一。

丘区的地形非常复杂。丘陵常常会由于地形陡缓、形状不同和所处山体部位的差异而具有不同的特点。

丘区水位特征是具有明显的动态性。丘陵地区的水文变化是一个动态的发展过程，由于受自然地带性质、时间变换、季风环境和地质、地貌及气候条件的综合影响，形成了丘陵地区独具特色的水文动态特性。丘陵的形成原因往往与山脉的形成原因不同。山脉通过地壳运动造成的褶皱和断层，河流一般沿这些断层流动，因此一般在山脉中的流向是平行流向。但丘陵中的河流很少像山地河流那样平行流向，而呈现出典型的四水分流特征。

丘陵地区不同于一般平原地区，地理条件和生态环境复杂。丘陵地区生态敏感性强，对生态系统的变动所作出的反应也不同于其他地区。丘陵地区空间上具有多维性和丰富性，气候变化也相对丰富多样，这种特性可以构成不同的地貌特征和小气候，也是形成丘陵地区丰富变化的景观和小气候的重要因素。

丘陵地区地理环境复杂，土地利用方式多变，乡村聚落布局主要受地形地貌条件及河流、耕地资源等影响，具有小、乱、多、散等显著地域特征。丘陵地区的田地分布非常多样，小结构明显。丘陵地区内的田地面积一般比较小，每块田地里的作物也多有不同，很多是粮食、蔬菜、果园和树林互相混合。

丘陵地区海拔高差较小，地表起伏度较大，但坡度较缓，无一定方向，多分布于山地与平原的过渡地带。高低起伏的地表形态以及水量丰富的山前地下水或地表水孕育了纵横交错的河溪网络，星罗棋布的湖塘资源，镶嵌分布的林灌草湿生命结构，以及丰富的矿产、土地资源。因此，丘陵地区自古便呈现出生物多样性与人类农耕文明共同繁荣的景象。丘陵地区最明显的特征就是在不同的海拔、坡度、坡向、脊谷地等地形因子组合下形成的复杂地形，以及自然 - 人工二元干扰作用下形成的生境复合体。

丘陵地区是与人类生活最为密切的地区。研究表明，人为干扰和土壤条件是丘陵地区植被群落类型的主要影响因子。人为驱动下的土地覆被变化直接影响着丘区水土流失的形成和演变，同时对区域生态环境产生深远影响，成为丘陵地区关注的主要问题。在丘陵山坡地上沿等高线方向修筑的台阶式或坡式断面的耕地，是中国历代劳动人民在水土保持实践中创造出的行之有效的水土保持工程措施，是山地、丘陵地区土地高效利用方式，也是我国重要的耕地资源。通过修筑地埂，改变地形坡度，截蓄雨水，拦滞泥沙，达到保水、保土、保肥目的，改善农业生产条件，发挥出水土保持、污染净化、粮食生产、生物多样性保护、减源增汇等多种生态服务功能。

梁平区丘区地表丘陵起伏，沟谷迂回，海拔一般为 250 ~ 600 m，丘谷高差 50 ~ 100 m。以山、丘为主的多种丘区地貌类型形成了复杂多样的组合，呈现出形态各异的丘区地貌。

在梁平丘陵地区，丘区地貌（图 3-1）单元典型地重复出现。高差在 250 ~ 600 m 的山丘围合着丘谷。丘谷周边的山丘从丘顶、丘坡到丘麓，形成山丘的海拔高程梯度。通常丘顶为林，丘坡有旱地与片林镶嵌分布，院落通常选址在丘麓。山丘围合的丘间为丘谷，呈典型的"环冲田分布"。原住民通常所称的"一冲田"就是指缓平的丘谷间的水田。

图 3-1　梁平区丘区地貌

梁平丘陵区，地形起伏不大，地势平缓；境内大小溪河顺着地势切割，贯穿山岭、盆谷。区内坑塘密布，水体景观丰富，耕地为主，冲谷中为田、山坡为土、丘顶为林。

在这种自然环境下，梁平区丘陵地貌乡村聚落的景观格局具有"林、田、塘、舍"的特征和"环冲田分布"的聚居空间格局，这种格局体现了人与自然相融合、相依存的居住方式。

3.3 梁平丘区湿地资源

在第二次全国湿地资源调查（重庆卷）和全国第三次国土调查（梁平区）的基础上，根据《中华人民共和国国家标准：湿地分类（GB/T 24708—2009）》，将梁平湿地分为2个湿地类7个湿地型（表 3-1），湿地资源面积为 19 774.01 hm²。

表 3-1　梁平区湿地资源

编码	湿地类	湿地型	面积 /hm²	
1	河流湿地	永久性河流	1 584.86	1 603.81
2		洪泛湿地	18.95	
3	人工湿地	水库	895.51	18 170.2
4		沟渠	240.83	
5		淡水养殖场	5 712.08	
6		农用池塘	6 623.38	
7		季节性洪泛农业用地	4 698.4	
合计			19 774.01	

梁平地势为"两山夹一平坝"，水系发达，河流众多，有大小河流 408 条，水库 75 座。高梁山东麓、明月山西麓以及之间的平坝是长江一级支流龙溪河的主要发源地，也是梁平最大水系流域。发源于高梁山东麓的汝溪河、双新河、黄金河均为长江一级支流，虽然流程较短，水量较小，但在长江流域的生态功能却十分重要。发源于明月山西麓的波漩河和明月山东北的新盛河分别汇入州河，由州河 – 渠江 – 嘉陵江流入长江。高梁山西北的普里河向东北汇入长江一级支流澎溪河。发达的河流水系，加上广布梁平的库、塘，形成河、库及以塘为核心的小微湿地网络，影响着整个梁平地区的生态、生产和生活。

梁平区"三山五岭，两槽一坝，丘陵起伏，六水外流"的特殊地貌，造就了一方因水而兴、以水为盛的富庶之地。河溪、湖泊、库塘、稻田、水塘交织，"农 – 林 – 湿"特征典型。汇集着山水人文精华的梁平城，依山傍湖，河溪蜿蜒，自古以来便是一座与湿地协同共生的湿地之城。

3.4　梁平丘区小微湿地类型

梁平地处山地丘陵地带，区内东部和东北部多为深丘，西部和西北部多为浅丘，中部有一古代湖泊沉积而成的平坝，地势平坦而宽敞，素称"川（渝）东著名第一大坝"。梁平区没有大江大河大湖，但因其典型的丘区地势特点，发育了众多的小微湿地。梁平区的小微湿地包括自然小微湿地和乡村小微湿地两大类。

3.4.1　自然小微湿地

梁平区的自然小微湿地是指自然界在长期演变过程中形成的小型、微型湿地，如小湖、自然水塘、小溪、河湾、壶穴、春沼等（表 3-2）。

表 3-2　自然小微湿地类型及特征

名称	英文名称	型	生态特征	生态功能
永久性小河溪	Permanent Stream	N	长度小于 5 km、宽度小于 10 m 的长流水小河溪，是重要的流水湿地生态系统	水源涵养，生物多样保育
季节性小河溪	Seasonal Stream	N	长度小于 5 km、宽度小于 10 m 的季节性流水的小河溪，是重要的流水湿地生态系统	生物多样保育
河流故道	River Ancient Channel	N	已经改道的旧河道，成因是河流发生改道，原来的河道脱离主河道，形成孤立的分段分布、面积较小的故道片段，发育湿地植物，形成典型的河流故道湿地	水源涵养，生物多样保育，环境净化
溪源小微湿地	Small and Micro Wetlands at the Source of Mountain Streams	N	大河源头小微溪流，广布于河源区，从源头区地下水渗出汇集后，呈小型线性流水，或连续，或地上部分有间断，星散分布河源区；是源头重要的小微生境类型	水源涵养，生物多样保育
河漫滩水塘	Floodplain Pond	N	分布在河漫滩上的水塘。河漫滩是由于河流堆积作用而形成的，在枯水季节露出水面，丰水季节被淹没。河漫滩水塘是特殊的生境类型	水源涵养，生物多样保育，环境净化
河漫滩洼地	Floodplain Depression	N	分布在河漫滩上的洼地，因季节性积水而形成湿地。河漫滩洼地是特殊的生境类型	水源涵养，生物多样保育，环境净化

续表

名称	英文名称	型	生态特征	生态功能
湫洼湿地	Seep Wetland	N	水源是地下水，在地下水位与地表相交的山丘斜坡产生渗流，并沿斜坡渗流汇集到低洼处形成。湫洼湿地是被高地生境包围的小微湿地，存在缓慢流动的地下水，成为特殊的生境类型	水源涵养，生物多样保育
泉	Spring	N	从泉穴中流出的地下水，面积较小，构成了小微湿地网络体系的水源地和关键生态节点	水源涵养，生物多样保育
潭	Pool	N	山地溪源湿地线性流水向下游流动过程中在低洼处形成的深水区，或在瀑布跌水处形成的深水区，是特殊的生境类型	水源涵养，生物多样保育
春沼	Vernal Pool	N	森林内部或边缘的浅洼湿地，一年中仅部分时间有水，是临时性小微湿地，其独特环境为许多珍稀动植物提供了栖息地	水源涵养，生物多样保育
壶穴	Pothole	N	是由含砂、砾石和岩石碎片等底质的水流通过在不渗漏的基岩表面高速旋转、腐蚀、磨损等过程形成的近圆形凹坑，是小型、边界明确的河溪湿地生境类型之一	生物多样保育
瀑布小微湿地（垂直湿地）	Waterfall（Vertical Wetland）	N	水流在水道中以短距离垂直下降的区段，由于许多瀑布周围溅满了水花，它们周围往往有着丰富而茂盛的植被，形成局部微气候，形成垂直湿地。由于气候潮湿而凉爽，从而有珍稀植物和无脊椎动物分布	生物多样保育
喀斯特小微湿地	Karst Small and Micro Wetland	N	地表水和地下水对喀斯特地貌溶蚀和冲刷而产生的洞穴、陷落洼地或陷落塘，构成独特的水湿环境，成为特殊的湿地生境类型	生物多样保育
崖壁滴水湿地	Cliff Dripping Wetland	N	在低山丘陵的崖壁区域的垂直壁面，由滴水作用形成的垂直湿地及滴水下方形成的洼陷湿地	水源涵养，生物多样保育

1）河溪小微湿地

河溪小微湿地是指宽度在 10 m 以下、长度 5 km 以下，小而狭窄的线性水体，通常位于河流源头等较小级别河溪。小型河溪可理解为沿着可见沟道内、小的线性流水，同时，其地下水与地表水以同样的方向流动，并且与河漫滩及河岸植被相连。小型河溪作为一个生态学系统，在空间和时间上处在变化之中，在纵向、侧向和垂向上表现出高度的连通性。小型河溪湿地在一年中的大部分时候都有较高的流速，因此与池塘、小型湖泊等静水水体不同，是重要的流水生境。小型河溪的健康状况对整个流域河网和下游河溪健康至关重要。

　　根据流水出现的频率时长，可将梁平区的河溪小微湿地分为永久性小型河溪湿地（图 3-2、图 3-3）、季节性小型河溪湿地。

图 3-2　梁平区荫平镇三坝村小型河溪

图 3-3　梁平区明达镇红坝村小型河溪

永久性小型河溪（Permanent Small Stream）通常全年都有水在流动，大部分来自上游或地下水，降雨或其他降水的径流是其重要的水源补充。

季节性小型河溪（Seasonal Small Stream）是指一年中的某些时候有水流动。降雨或其他降水的径流补充了季节性河溪的流动。在干旱时期，季节性的小型河溪没有流动的地表水。

小型河溪湿地能够提供多样化的生态功能，包括提供水源、过滤净化污染物、为多种鱼类提供食物和栖息地等。梁平区的小型河溪常常与古桥相联系（图 3-4）。梁平区古桥形式多样，大多数有 200 ~ 300 年的历史，有单孔石拱桥（如曲水镇万善桥、新盛镇喷雪桥、竹丰镇向炳桥、龙头桥等）和多孔石拱桥（如礼让镇福拱桥为四墩三孔石拱桥，万安村多孔石拱桥）。在梁平区的河溪上还分布有很多石板桥，如清代嘉庆七年（1802 年）的石板桥（位于和林镇兴隆寨，石板桥中央石刻着"万古千秋"），以及位于新盛镇联盟村的石板桥等，这些都是宝贵的河流湿地文化遗产。

图 3-4　梁平区铁门乡小型河溪上的古石桥

2）河漫滩水塘 / 河岸水塘

河漫滩是由于河流堆积作用而形成的，在枯水季节露出水面，丰水季节被淹没。河漫滩水塘及河岸水塘是重要的生境类型（图 3-5），具有水源涵养、生物多样保育、地表径流污染净化等生态服务功能。

图 3-5　梁平区龙溪河和林镇段的河岸水塘

河漫滩水塘可储存雨水、改变流域的水文循环及营养循环，从而营造水岸环境，为动植物提供栖息地。水塘可影响区域水量空间和时间分布，改变区域水文过程。在暴雨季节，水塘收集滞蓄区域内的雨水；而在干旱季节，水塘为农田提供灌溉服务。同时，雨水径流受到水塘植物的拦截作用，流水降低速度且停留时间长，能有效削减洪峰流量。

自然塘系统对降雨汇流进入的农业非点源氮具有显著的净化和截留效应。通常在入湖小流域区广泛分布着大量的自然塘系统，对非点源氮具有显著的截留和净化效应，可明显降低流域产生的氮营养物质向河流及湖泊的输入量，对控制水体富营养化具有重要作用。

塘在区域生物多样性保护网络中发挥着重要作用。塘是很多濒危水生生物的栖息地和庇护场所，在景观尺度上提供了生物物种迁移"踏脚石"的作用。以物种丰富度和稀有性衡量，水塘的生物多样性几乎可以与其他淡水生态系统（如湖泊、河流、溪流和沟渠）相比。水塘能提高栖息地的复杂性和生境异质性，是动植物繁衍栖息的重要场所。

3）壶穴湿地

壶穴（Potholes）是由含砂、砾石和岩石碎片等底质的水流通过在不渗漏的基岩表面高速旋转、腐蚀、磨损等过程形成的近圆形凹坑，是小型、边界明确的河溪湿地生境类型之一。壶穴的成因较多，如水力侵蚀、冰川刨蚀、风蚀和风化等。美国从 20 世纪 40 年代开展的"小湿地项目"（Small Wetlands Program）对北美草原壶穴区域（The Prairie Pothole Region of North America）的湿地进行了调查，起调面积为 0.08 hm²，所调查的湿地平均面积不超过 10 hm²，并将这些湿地统称为小湿地（Small Wetland）。

壶穴是在以砂岩为主的基岩质河岸，被流水漩涡状冲蚀和侵蚀，形成的数个小圆洞结构。但是在非河岸区域、岩石区域，同样因为雨水、冰川的作用，也会形成壶穴结构。例如，北美普列利（Prairie Landscape）草原的壶穴区域，壶穴在下部形成数个小圆坑，上部有浅层土壤覆盖长草，使得草原壶穴区域形成非常典型的小湿地。

壶穴形成后，其具有一定水深的稳定半封闭环境，成为河溪生态系统中的特殊生境（图3-6），其存在不仅为水生生物提供栖息地、庇护地等场所，而且增加了河流空间异质性，有利于河流物种多样性保育。

（a） （b）

图3-6 梁平区龙溪河云龙镇段七里滩壶穴湿地

4）湫洼湿地

湫洼湿地（Seep Wetland）是一个常见但经常被忽视的，与地下水渗流有关的小微湿地。湫洼湿地作为小微湿地的一种类型，其水源是地下水，当地下水位与地表相交时，就会产生渗流，并沿斜坡汇集到低洼处形成湿地（图3-7）。

图3-7 梁平区双桂湖北岸的湫洼湿地
（右下角，由地下水出露产生的渗流沿斜坡汇集到低洼处形成）

渗洼湿地的水源主要是地下水，当地下水流过不透水的岩石，迫使水流与地表相交，沿着斜坡渗流汇集到低洼处而形成湿地。渗洼湿地的地下基岩或硬土层通常阻碍地下水向下运动，导致地表水水平流动和排放。地下水为渗洼湿地提供了持续的水源，许多渗洼湿地的水甚至可以在最干燥的夏季持续存在。渗洼湿地土壤在一年中的大部分时间都是水分饱和的。

渗洼湿地通常表现出不同的植物群落组成和结构特征，为许多不同生物特别是鸟类的休息、筑巢和觅食提供了掩护空间。渗洼湿地动植物种类丰富多样，由地下水浸润形成的湿地环境，为一些湿地植物提供了良好生长场所。与渗洼湿地紧密相关的动物是两栖动物，如蝾螈、青蛙等，这些动物都在水中或水边度过其成年生活，渗洼湿地成为它们重要的栖息地。同时，渗洼湿地是各种水生昆虫的重要繁殖地。

渗洼湿地主要的能量输入来自落入渗洼湿地的树叶和其他有机物，这种典型的渗透性和饱和性土壤可支持一些植物的生存，并且给一些甲壳类动物或两栖类动物，如青蛙、蝾螈提供栖息地。能够接受光照的渗洼湿地可支持更多种类的植物生存，包括许多草本植物和苔藓。渗洼湿地内部生长的湿地植物可以为无脊椎动物、水禽、甲壳类动物和水生昆虫动物提供食物来源。渗洼湿地是早春出现植被最早的区域之一。大多数其他植物处于休眠状态的关键时候，从寒冷冬季压力中恢复过来的动物可以在渗洼湿地寻找到食物。

渗洼湿地地下水生态系统提供了污染物的生物介导转化和降解作用，有着巨大的潜力，使其可以自然衰减，并通过有氧和无氧方式，同步降解排入地下的各种各样的污染物。

5）泉

泉通常指含水层或含水通道与地面相交处涌出地表的地下水，多分布于山谷和山麓，是地下水的一种重要排泄方式。泉的种类繁多，数量巨大，有清泉、矿泉、冷泉、泉眼、喷泉、泉瀑、泉群等类型。按水力性质，泉分为上升泉和下降泉；按泉水矿化度，分为淡水泉、咸水泉和盐泉；按泉水温度，可分为冷泉和温泉，等等。

泉作为乡村重要的水源地，承担着提供生活饮用水、农业灌溉水、水产养殖水等功能；泉也是乡村小微湿地的水源地。泉是通向地球深部的通道，是地下水窥视地表自然的眼睛，被誉为"地下水亲吻天空的地方"，构成了地表小微湿地网络的水源地和关键生态节点。

梁平区东部的高梁山、西边的明月山分布有很多山泉（图3-8），由地下水出露形成。

图 3-8　梁平区高梁山的泉

　　泉的形成：地表水通过地表下陷积水塘补充至地下水，地下水沿着地下水蓄水层流动，在某处受地下水压力上升或至含水通道与地面相交处涌出地表，在地表处形成以地下水为支撑的小微湿地生态系统。

　　泉是生物多样性的热点区域，尽管大多数泉的面积较小，但却拥有丰富多样的生物物种。研究表明，尽管泉的总体面积很小，但通常维持着较多的珍稀濒危和特有物种，数以千计的珍稀、特有物种把泉作为它们的家园。泉是宝贵的物种资源库，也是独特的栖息地。泉作为一个永久的异质性生境斑块，为大量生境恶劣的物种提供了新的进化方向。泉水受矿化度的影响，不同地质条件下，富含不同化学元素的泉水栖息着不同的特殊物种，如苔藓植物及依附于其上的一些无脊椎动物等，这些物种极易受到污染的扰动。

泉是主要的水源地，是许多河流的重要源头，维持着各类依赖地下水的生态系统。同时泉指示着地下水及其所依赖的生态系统状况。

6）喀斯特小微湿地

喀斯特景观是一种具有地表和地下特征的岩溶景观，如洞穴、天坑等。当基岩（通常是石灰岩）容易被水溶解时，这些特征就会产生。当岩石溶解时，岩石中的裂缝和溶解通道可形成地下排水网络。这些裂缝和渠道可以迅速将地表水输送至地下水系统。在喀斯特地区，地下水每天可以移动 30 m 或更多；而在其他地区，地下水通常每天移动不到 0.3 m。最终，这些地下水在泉水、河流或湖泊中重新出现。

喀斯特景观是由石灰岩和其他可溶岩石的自我强化溶解形成的。通常，喀斯特湿地景观的特点是湿地斑块分散，基岩深度和土壤厚度呈周期性变化。低起伏和浅水位是湿地出现的基本边界条件。喀斯特湿地包括一系列喀斯特特征，如垂直溶蚀孔、覆盖整个盆地的大小比例不同的小微湿地。

喀斯特小微湿地包括岩溶洞穴湿地、岩溶上升泉湿地、塌陷小微湿地、喀斯特小型河溪湿地等类型。在梁平区的高梁山和明月山，喀斯特地貌典型，发育了很多喀斯特小微湿地（图 3-9），成为喀斯特地貌区重要的生境类型。

图 3-9　梁平区蟠龙镇岩溶洞穴及河溪小微湿地

7）垂直湿地（瀑布、崖泉）

垂直湿地（Vertical Wetland）的水文过程垂直，但某些部分也有水平的水文过程。在垂直湿地中，水流在重力的作用下以短距离垂直快速下降，水流通过部分就形成了垂直湿地。典型的垂直湿地即为瀑布及瀑布周边的影响区。瀑布通常是在河流穿过不同岩石层的地方形成的［图3-10（a）］。每一层的侵蚀速率不同；在抗蚀基岩上，侵蚀发生得很慢；而在软岩上，侵蚀发生得更快。瀑布具有水位落差，导致瀑布周围的雾化水增多，使周围的底质与其他位置的底质相比，保持着较为湿润的状态。这也使垂直湿地的植物群落与其他类型的小微湿地略有不同。垂直湿地的植物群落结构与垂直面有关联，与重力及水文过程也有关联。

垂直湿地一般由以下几个部分组成：上游空间、垂直空间及下游空间。上游区较为平缓，水流流过的部分生长着喜湿植物与水生植物；垂直空间异质性较强，水流雾化部分、直接接触部分都有不同的植物群落结构。下游空间在垂直落水的地方往往会形成水垫塘（Plunge Pool）［图3-10（b）］。水垫塘是带有岩石和其他物质的落水侵蚀瀑布的底部而形成的深塘，随着时间的推移，水垫塘的规模也会逐渐变大。较高的瀑布通常会形成较深的水垫塘。

（a）　　　　　　　　　　　　　　　（b）

图3-10　梁平区的垂直湿地（余先怀拍摄）

［（a）为崖泉瀑布湿地，（b）为崖泉瀑布下的水垫塘］

垂直湿地的水流快速下降过程中，水产生了曝氧过程，从而使水质得到净化。垂直湿地也有助于将水中的污染物转化为植物生长的营养物质。因为当它们在流入河流和湖泊之前经过岩石时，细菌的生长有助于污染物的分解。由于垂直湿地周围的雾化水较为丰富，往往有繁多的喜湿植物。瀑布对于苔藓和地衣的影响也是非常大的，且并不局限于雾化水区域，而是在整个垂直湿地区域都有影响。"小瀑布生态区"往往有稳定的种群结构。瀑布带特有的高度局部化条件常常催生稳定、持久的"源种群"，从而在远离其主要分布范围的地区维持它们的生存。

3.4.2　乡村小微湿地

乡村小微湿地是指分散分布在乡村区域的小型、微型湿地,它以塘为核心,结合沟、渠、塘、堰、井、泉、溪各要素,组合形成小微湿地群(表 3-3)。乡村小微湿地与乡村生产、生活方式相依相伴,它对乡村面源污染防治、雨洪调控、生物多样性维持和乡村景观美化优化等至关重要,与当地居民生产、生活密切相关。

表 3-3　乡村小微湿地类型及特征

名称	英文名称	生态特征	生态功能
小型水库	Small Reservoir	面积小于 8 hm² 的人工蓄水水库	水源涵养,生物多样保育
塘	Pond	乡村小微湿地常见结构,面积在 1 ~ 2 hm² 之间的静水水体,是农业景观中的生物多样性热点,是淡水生物的重要栖息地	水源涵养,生物多样保育,净化
井	Well	井是指从地面往下挖掘形成的能取水的深洞;作为小微湿地类型之一,井不仅为人类提供生活和生产用水,而且水井底部、阴暗潮湿的井壁、井口及周边区域,这些不同类型的水井小微生境,也养育着多种多样的生物种类,是乡村湿地生物多样性的重要组成部分	水源涵养,生物多样保育
沟	Ditch	沟是天然形成或人工挖掘的细小水道,是连接水源地和塘、堰、泉、田等各小微湿地要素之间的线性生态结构,具有廊道、输移等生态功能;在乡村小微湿地网络中,沟具有在空间上将塘、堰、泉、潭、田等小微湿地类型有机连通的功能	输排水,生物多样保育,净化
渠	Canal	渠是人工开挖的水道,多为农田排水沟渠,是农业生态系统的重要组成部分,也是一种小微湿地类型;它具有输水、排水、蓄持、净化、保育生物多样性等功能。通常,农业区的灌区由干渠、支渠、斗渠、毛渠组成渠系网络,形成自流灌溉系统,毛渠直接进入田间或农户	输排水,生物多样保育,净化
环山堰	Canal Around a Mount	环山堰是位于山体中上部并与等高线平行的输水渠,是山区的重要输水结构	输排水,生物多样保育
渡槽	Aqueduct	渡槽是输送渠道水流跨越河谷、洼地和道路的架空水槽。普遍用于灌溉输水,也用于排洪、排沙等,是宝贵的灌溉工程文化遗产	输排水,生物多样保育

续表

名称	英文名称	生态特征	生态功能
小型稻田	Small Paddy Field	它是分散分布的小块稻田，面积小	生物生产，生物多样保育
稻田-陂塘系统	Paddy Field and Pond System	它是一种稻鱼共生系统。陂塘是鱼类、青蛙、水生昆虫的良好避难地，也是生态蓄水、补水、净化农田面源污染的良好结构	生物生产，生物多样保育，环境净化
鱼菜共生系统	Fish Vegetable Symbiotic System	它是以养殖塘（池）中的水生动物的排泄物作为养料，供给浮床（或培养箱）上的植物（如蔬菜等）生长所需，实现养鱼不换水、种菜不施肥的共生效应，是将水产养殖与水耕栽培融合的互利共生系统	生物生产，环境净化
植草沟	Grass Planting Ditch	植草沟指种有植被的地表沟渠，可收集、输送和排放径流雨水，并具有一定的雨水净化作用；适用于道路、广场、停车场等不透水地面的周边，城市道路及城市绿地等区域，也可作为生物滞留设施、湿塘等低影响开发设施的预处理设施	雨洪调控，环境净化，景观美化
雨水花园	Rain Garden	它是人工挖掘的浅凹绿地，被用于汇聚并吸收来自屋顶或地面的雨水，通过植物、沙土的综合作用使雨水得到净化，并使之逐渐渗入土壤，涵养地下水，或使之补给景观用水；是一种生态可持续的雨洪控制与雨水利用设施	雨洪调控，环境净化，景观美化
生物洼地	Biological Depression	它是一种用于雨水下渗和净化的生物湿地系统，包括洼地和种植在洼地上方的地表植被	雨洪调控，环境净化，景观美化

1）水塘

水塘（Pond）是指面积为 $1 \sim 2 \ hm^2$，且一年之中至少存在 4 个月的淡水水体。从组成要素上看，塘包括以水生植物、水生动物为主的水生生物群落和以水体、底质、无机盐为主的无机环境；从空间结构看，塘包括开敞水域、塘底、浅水区。作为生产者的浮游植物、水生维管植物（沉水植物、浮水植物、挺水植物），具有光合作用功能，其初级生产量维持着塘的食物网。浮游动物、水生无脊椎动物、鱼类、两栖类、水禽则位于塘的不同水层和空间位置，各自占据着塘生态系统中的不同生态位。水生生物群落内的不同类群之间、各生物类群与环境因子之间，长期协同进化，构成了稳定的塘生态系统。

水塘作为一种储水结构，多建于丘陵地区，这与地形密切相关。乡村水塘有多种名称，这些名称来源于当地的风土人情和传统，也被用来反映周围景观的各种地形特征、水文和植被条件以及乡村水塘的塘堤结构。梁平区地形复杂，不具备大型灌溉设施建设条件，因此水塘对于梁平区来说至关重要。

水塘类型众多，可按不同的标准进行划分。根据物理状态，水塘可分为永久性水塘与临时性水塘；根据容积（V）不同，水塘可划分为大型水塘（$V \geqslant 10\,000\ \mathrm{m}^3$）、中型水塘（$1\,000\ \mathrm{m}^3 \leqslant V < 10\,000\ \mathrm{m}^3$）、小型水塘（$V < 1\,000\ \mathrm{m}^3$）；按照农田内水塘处于渠系中的位置和高程，分为低塘、平渠塘及高塘；根据水塘功能与用途，可分为灌溉型水塘（图 3-11）、生活型水塘、养殖型水塘（图 3-12）、综合利用型水塘、废弃型水塘、景观型水塘、风水塘（图 3-13，图 3-14）；根据水塘位置分为村塘、山坪塘（图 3-15，图 3-16）；根据土地利用方式不同，分为森林水塘、草地水塘、农田水塘、村落水塘等。

图 3-11　梁平区蟠龙镇的灌溉型水塘

图 3-12 梁平区云龙镇的养殖型水塘

图 3-13 梁平区聚奎镇观音寨的风水塘

图 3-14　梁平区竹山镇猎神村的风水塘

图 3-15　梁平区蟠龙镇的山坪塘

图 3-16　梁平区荫平镇的立体山坪塘体系

乡村水塘可储存雨水、改变流域的水文循环及营养循环，从而营造湿地塘环境，为湿地动植物提供栖息地。同时，水塘也会产生社会和文化效益，包括促进当地经济发展、提供休闲游憩空间等。

乡村有众多的水塘，构成了乡村的水环境系统。通常把乡村水塘形象地比喻为"村庄的眼睛""乡村的灵魂"，可见塘在乡村生态系统和乡村社会中具有非常重要的功能。在中国几千年的农耕文明史的发展过程中，劳动人民创造了众多富有智慧的塘系统。中国传统农耕时代各种类型的塘系统，如陂塘、桑基鱼塘、风水塘等，无不蕴含着生态智慧。

2）沟渠

乡村沟渠是乡村区域以输排水为主要目的、人工挖掘的水道（图 3-17），通常只有几米宽，深度 0.5 ~ 2.0 m。沟渠不仅排水，还为村庄和农田供水，特别是在干旱季节，它是联系农田和受纳水体（湖泊、江河、湿地）的线性生态结构。

与梁平区丘区地形条件相适应，当地劳动人民修建了沿等高线延伸的沟渠，当地称为"环山堰"（图 3-18），在山地丘陵区域发挥了重要的输水功能，同时也是重要的乡村生境结构。

沟是乡土景观的肌理和大地印记，从生态学角度看，乡村沟渠是连接水源地和塘、堰、泉、田等各小微湿地要素之间的线性生态结构，具有廊道、输移等生态功能，是一些珍稀物种的栖息地，但其生态价值常常被忽视。沟渠是小微湿地的重要类型之一，在流域小微湿地网络中，具有在空间上将塘、堰、泉、潭、田等小微湿地类型有机连通的功能，也由此以水为媒，通过水文流、营养物质流、物种流等，实现各种小微湿地的功能联系。

图 3-17   梁平区仁贤镇的乡村沟渠

图 3-18   梁平区铁门乡的环山堰

　　沟渠为农业生态系统中的各类动物提供栖息地和避难所，对丰富农田生态系统的生物多样性具有重要作用。虽然沟渠的水量较小，植物种类较少，营养浓度波动较大，并且定期接受人工管理，但调查研究发现，乡村沟渠内无脊椎动物类群总数与小湖泊中的无脊椎动物类群数量相当，包括稀有类群的数量。乡村沟渠被证明是水生和陆生植物躲避耕作扰动的避风港，在干旱和集中管理的农田环境中为各类生物提供了食物与栖息环境，并在更广阔的景观中发挥了生态连接功能。

沟渠是小微湿地网络的构建廊道。通过提升各类湿地之间的水文连通性，乡村沟渠可保障各类型乡村小微湿地之间的水文流、营养物质流、物种流能有序持续进行，提升湿地的生态服务功能。廊道在生物多样性保护、水土保持、退化生态系统恢复等方面起着非常重要的作用。以生物多样性保护为例，单个水体物种组成相对单一，生态系统结构较为均质。通过沟渠可实现多个异质化生境的连通，有助于为物种提供在多个分散的生境斑块间的迁移廊道，扩大物种的分布面积，进而提升生物多样性。

3）稻田

乡村稻田小微湿地是乡村小微湿地的重要组成部分，主要是指分散分布的小块稻田。在梁平山地丘陵区域，稻田小微湿地更为典型（图3-19）。丘区乡村稻田小微湿地是利用起伏的地形，构筑沿等高线分布的梯级稻田。梁平区的乡村稻田小微湿地，以有机稻种养殖为主，簇状栽植有机稻、晚熟生态稻，间作套种茭白、水芹、慈菇、芡实等水生经济作物，稻田中养殖鱼、虾、蟹，既能提高单位面积的产出，又可蓄水防旱，形成多种形式的稻田共生小微湿地景观，同时提供支撑乡村生物多样性的重要基础。

图 3-19　梁平区蟠龙镇的稻田小微湿地

4）水井

水井是乡村常见的集水结构（图3-20），是一种小型取水设施，主要用以取水、浇灌或贮存等。乡村水井类型多样，地下水埋深不同、下覆基岩不同、修井材料不同、挖井工艺不同、地域文化不同，由此形成形态千差万别、各有地域特色的水井。

图 3-20　梁平区聚奎镇观音寨古井

作为小微湿地类型之一，井不仅为人类提供生活和生产用水，而且水井底部、阴暗潮湿的井壁、井口及井周这些不同类型的水井小微生境，也养育着多种多样的生物种类，是乡村湿地生物多样性的重要组成部分。

5）渡槽

渡槽是为供应用水（主要是农业灌溉用水）而在通过河谷、道路、农地时，为保证水文连通而设置的桥梁式构筑物，是农业生产基础设施的水工结构之一。西南山地丘陵区域广泛存在的渡槽属于乡村景观中的生产性景观要素（图 3-21），其原始功能是输水，满足农业生产的灌溉需求。每座渡槽从选址到修建都蕴含着乡村生态智慧。

渡槽是输送渠道水流跨越河谷、洼地和道路的架空水槽，用来把远处的水引到城镇、农村以供饮用和灌溉，渡槽主要用砌石、混凝土等材料建成。梁平作为农业大区，渡槽曾担负着重要使命。随着现代农业的发展，渡槽已基本退出了历史的舞台，现已成为梁平丘区乡野中的一道道美丽风景线。

跨越丘陵、农田、河流的渡槽成为乡村整体景观中的线性廊道，连接起乡村的自然景观、农业景观和聚落景观，串联起各种自然风景要素与人文风景要素，形成乡村区域自然 – 人文风景综合体。

乡村小微湿地网络主要由以溪流、冲沟、泉、春沼等组成的自然小微湿地和以田、堰、塘、人工沟渠、井等组成的人工小微湿地组成。乡村地区的生活用水、生产灌溉用水依赖于功能完整、结构完善的乡村小微湿地网络。因此，乡村小微湿地网络是整个乡村景观的生态基础设施网络。

图 3-21　梁平区明达镇红坝村渡槽

　　山地丘陵区域的渡槽既是参与形成区域灌溉网络的重要设施，同样也是乡村小微湿地网络的重要组成部分，和山间冲沟、地面沟渠、河溪类似，起到重要的连接作用。农业灌溉用水持续通过这一结构，水中携带的泥沙土壤沉积在渡槽底部，土壤中和鸟类携带的草种在渡槽中萌发生长，渡槽也由单纯的水利工程结构变成具有重要生态功能的空中小微湿地（图 3-22）。

图 3-22　空中小微湿地——梁平区明达镇红坝村渡槽输水道

第 4 章

湿地滋润都梁

——梁平城市小微湿地建设

4.1 城市湿地连绵体

4.1.1 城市湿地资源

梁平城区是以城市建设用地范围线为界，包括梁山街道片区、双桂街道片区、工业园区及火车北站片区。梁平城区三面环山，境内丘陵蜿蜒密布，坝浅丘低，河溪纵横交错，库塘散布其中。温暖湿润的地理环境孕育了优越的生态本底资源。梁平区特殊的丘区地貌，造就了一方因水而兴、以水为盛的富庶之地，溪流、湖泊、库塘、稻田交织，素有"巴蜀粮仓"美誉。汇集着山水人文精华的梁平城区，依山傍湖，河溪蜿蜒，自古以来便是一座与湿地协同共生的湿地之城。

梁平区城市规划区范围内主要有库塘湿地、河流湿地、稻田湿地三种湿地类型。库塘湿地总面积约 220 hm²，稻田湿地总面积约 450 hm²。梁平双桂湖国家湿地公园位于城区西南部，总面积约 349.97 hm²。双桂城区湖城相映、林 – 草 – 湿共生、生物多样性丰富，水是双桂城区的发展之基，从双桂湖湖面、湖岸高地到背景山地，湿地景观层次分明；湖、塘、溪、田等湿地元素交错分布，生态序列明显，呈现出典型的"山水林田湖草城"生命共同体特征。独特的地理构造，复杂多变的地形地貌，沟、塘、渠、堰、井、泉、溪、田等小微湿地单元交织融汇，造就了梁平丰富的小微湿地资源。

双桂湖周山地植被繁茂，具有优良的水源涵养功能。双桂湖水流出之后，经大沙河、小沙河、白沙河、大河、张星桥河 5 条河溪呈树枝状在中心城区内纵横交织。梁平城区内湿地资源有"两主"（张星桥河、窝子溪）、"三支"（十方冲沟、李家沟和牛头寨支沟）、"一塘"（山窝堰塘）。其中，张星桥河和窝子溪两条主要河溪是城市重要的湿地资源和景观资源，承担部分泄洪排涝功能。十方冲沟、李家沟、牛头寨支沟是片区内部的小型支流，大部分为自然岸线，周边植被丰富。品字山上的山窝堰塘，池水碧绿，缓丘围绕，稻田映衬，环境优美。

梁平城区内自然湿地资源相对较少，城市湿地以库塘湿地、河流湿地、稻田湿地为主。2016 年以前，梁平城区内的湿地资源破坏和污染较为严重，河溪水质黑、臭，景观脏、乱、差，主要问题包括：

①城区内河道硬化多，污染较为严重；

②河道丰、枯水期水位变动较大，部分河道常年缺水；

③城市中除几条河流与双桂湖外，其他湿地类型相对较少；

④排污管控不严，多处民居污水直排入河；

⑤污染源防治措施较为缺乏，城市规划区内几乎所有的河流上游都受到了污染；

⑥河道绿化种植多选用城市园林植物种类，种植手法也偏向传统园林的规则成片种植，缺乏自然野趣。

享有"三峡风景眼・重庆生态湖"美誉的双桂湖，其前身是张星桥水库。曾经，这里被垃圾、污水、外来物种、上游农业面源污染等问题困扰，湖水曾因肥水养鱼造成湖底淤泥沉积、水体富营养化，水质一度降至劣Ⅴ类。

4.1.2　城市湿地连绵体概念

基于河流连续体、河流 - 湿地复合体理论，梁平区在国际湿地城市建设中，提出城市湿地连绵体概念，即以连续流动的河溪，有机联系双桂湖国家湿地公园、城市小微湿地、城市水敏性结构（如雨水花园、生物沟、生物洼地等），形成一个结构和功能上的整体湿地网络，不仅是物理空间上的连续体，更具有生态功能和生态过程上的连续性。

2018 年，梁平区提出国际湿地城市建设目标，以双桂湖为核心实施河湖、库塘连通工程。在这一过程中，重庆大学湿地研究团队提出城市湿地连绵体概念，即利用城区"一湖四库六水"水生态资源，引水入城、进小区，将水源涵养林、溪流湿地、湖周山地立体山坪塘与双桂湖湿地、双桂湖周边的河溪及小微湿地进行生态连通，形成一个空间连续、结构完整、功能完善的有机湿地网络，打造双桂新区与梁山城区湿地生态连绵带，聚力建设中国首个城市湿地连绵体。

建设梁平区城市湿地连绵体，是长江经济带生态大保护、长江上游重要生态屏障建设的创新举措；是"山水林田湖草"生命共同体生态修复的重要创新模式；是满足人民群众对城镇生态空间需求的有效路径；是防止城市无序开发侵蚀生态空间的重要保障；是让城市充满生机，建成长江上游生态文明城市样板的重要途径。如今，梁平建成了以双桂湖国家湿地公园为代表的窝子溪、赤牛溪、张星桥河、八角荷塘等小型城市湿地公园、湿地游园 75 个，构成了 25.3 km² 城市湿地连绵体，形成了六水蜿蜒、湿地绕城的结构完整、空间连续、功能优化的城市湿地连绵体。

4.1.3　城市湿地连绵体建设目标

构建"山水林田湖草城"生命共同体，将河流湿地、湖泊湿地、库塘湿地、城市小微湿地、城郊乡野稻田湿地与城市有机融合，形成完整的城乡湿地连绵体。将综合公园、社区公园、专类公园、街旁绿地等进行布局优化，形成合理的公园绿地体系，以新自然主义手法，将城市公园建成城市自然保育地。

"以山丘为脉、以湖河为络、以绿化为蕴"，使城市绿地科学合理分布，提高湿地配置在城市风貌中的贡献率，充分发挥湿地的综合功能。全面改善中心城区湿地结构，提高生态环境质量，彰显梁平中心城区文化，构建环境友好型社会，最终实现梁平生态宜居城市发展目标。

以海绵城市建设理念引领梁平区城市发展，促进生态保护、经济社会发展和文化传承。以"生态、活力、安全"的海绵建设塑造梁平区城市新形象，通过对城市湿地的修复和重建，实现"水环境改善、水生态良好、水景观优美、水安全保障、水资源优化"的发展战略。

针对城市河流、库塘及周边湿地结构，通过"截污纳管、生物修复、生态护岸、清渠疏浚、引水入城、绿化造景、加强管理、禁建拆违"等有效整治措施，使得梁平城市建成区内的水质得到根本好转，实现"水清、流畅、岸绿、景美"目标。明确各个湿地单元结构的定位与主题，做好规划建设。建设具有丘区特色的"城市湿地连绵体"，构建一个以双桂湖国家湿地公园为主，牛头寨水源涵养地立体山坪塘、都市稻田湿地公园、城市河流湿地公园、城市小微湿地群有机联系的城市湿地连绵体。

4.1.4 城市湿地连绵体空间格局构建

"一廊三带五组团"作为梁平区城市湿地连绵体的基本骨架，整合了城市规划区范围内众多的小微湿地群、水敏性结构，形成空间上整体覆盖、功能上有机联系的城市湿地连绵体（图4-1）。

图4-1 梁平区城市湿地连绵体空间格局

一廊：以小沙河为依托，打造东西贯穿梁平城区的河溪湿地绿色通廊。

三带：以南北流向的盐河、张星桥河、大河串联起河流周边区域的城市公园、小微湿地群及若干湿地景观节点，形成三条南北绵延的城市生态景观绿带。

五组团：梁平城区外围的双桂湖、大河坝水库、沙坝水库、丘区稻田、双桂田园综合体等区块水域面积较大，与周边片区的小微湿地一同构成资源集中、功能结构多样、景观层次丰富、生态效益突出的湿地组团结构。

梁平区在城市湿地连绵体建设中，将城市范围划分为 4 个功能区（图 4-2）：

①以南部山体及双桂田园综合体打造为主体的南部湿地生态体验区；

②以工业新城作为主体的中部湿地生态优化区；

③以老城为主体的东部湿地生态修复区；

④以北部稻田湿地集中区为主体的北部湿地合理利用区。

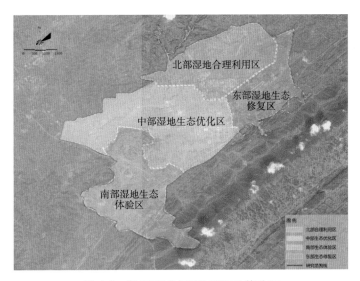

图 4-2　梁平区城市湿地建设功能分区

梁平区城市湿地连绵体的建设，就是要依托城市自然山水脉络，用河溪沟渠串起生态涵养蓄水植被系统、各类型小微湿地系统（库塘湿地、河流湿地、城乡稻田湿地）等自然资源，形成相互贯通、连绵成片的湿地生态体系，真正让湿地融入城市。

梁平丘区地貌类型多样，有牛头寨、品字山为代表的山体，丘陵起伏的"梁平坝子"，加之河网纵横、水塘广布，形成了具有地方特色的湿地生态结构。梁平区境内，以牛头寨、品字山为代表的山体青峦耸翠，凝聚水汽；水汽出渗，汇流成溪；溪水潺潺，流入低洼处汇集成湖库；湖波森森，滋润入土，孕育草木；草木枯荣，零落成泥，肥沃田地；田地出产作物，人与动物取食转化能量；物质循环，还于林草间；此中每个过程又与城市之间相互影响，如此周而复始，循环不息。

梁平区以国际湿地城市建设为目标，以双桂湖为核心，整合城乡湿地生态系统各要素，建设西南侧牛头寨和东部高粱山的山地水源涵养林、入湖河溪湿地、湖周林－草－湿一体化的生态缓冲带、周边稻田农业湿地、梁平城区和城郊村落的湿地人居体系，综合构成"山水林田湖草城"生命共同体。根据地形地貌、湿地资源分布以及发展方向，结合梁平区城市发展要求，整体优化城市湿地生态格局。东部老城片区生态功能薄弱，建设方向以生态修复为主；北部为大面积集中的稻田，稻作文化底蕴深厚，以湿地资源合理利用、探索新型生态产业模式及传承稻作文化为主；南部地势相对较高，是梁平区重要的汇水面，生态本底条件优于其他区域，以生态涵养为主要建设方向；中部为新建城区，重点在于提升城区生态环境质量，减少城市建设对自然的破坏。

4.2 全域治水，湿地润城

梁平区以三峡库区长江干流一级支流龙溪河源头区的治水为契机，在各级河溪的水环境治理中，充分发挥湿地的污染净化作用。梁平城区内部基本无大面积水体，数条宽度不超过 10 m 的小型河溪穿流其间，外围北侧多为农田，库塘集中分布于东、南两侧。从区域层面控制，划分为 4 个功能区：以"牛头寨—双桂湖"为主体的生态保护恢复区；以工业新城为主体的生态优化区；以老城为主体的生态修复区；以北部稻田湿地集中区为主体的湿地合理利用区。依据每个分区的湿地资源特征，分别提出解决湿地生态修复、河道分类治理、湿地景观营建等相关问题的湿地生态修复策略。

梁平区将城市湿地生态系统构建及国际湿地城市建设理念，融入城市设计不同空间层次的策略中，以满足城市发展和湿地生态保护的双重需求。按照空间尺度，从城市用地空间、城市线性空间层面的慢行系统，到城市微观空间层面的公共空间节点，其规划设计与湿地保护修复有机融合。在城市用地空间层面，针对区域自然生态景观和人工建设的城市风貌，贯彻全域治水、湿地润城的生态理念，使城市大面积湿地生态基底得到保护和优化。在作为城市慢行系统的城市线性空间层面，在所有类别的环线、街道和滨水岸线的规划设计中，与线性小微湿地系统紧密结合，构建线性湿地景观系统，形成城市的线性湿地脉络，为城市湿地连绵体的构建发挥其生态连通作用。在城市微观空间层面，充分利用各类公共空间节点，将一系列小微湿地类型与社区中心、街头绿地、城市公园等公共空间节点结合，形成公共空间节点与小微湿地交融的城市小微湿地群，在城市区域内形成布局合理的湿地生态斑块（图 4-3）。

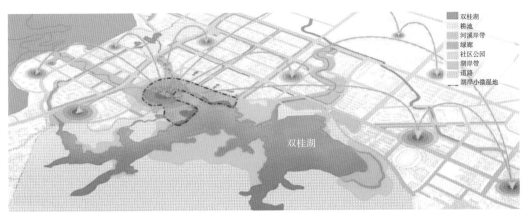

图 4-3 梁平城市小微湿地点、线、面有机交融的格局

4.2.1　湿地为基：城市用地空间与湿地生态基底耦合

双桂湖东部的高梁山以及牛头寨是重要的水源涵养地，目前植被茂盛，应继续强化其作为城市水源涵养地的重要生态功能，让植被茂密、生态环境良好的高梁山、牛头寨成为城市湿地连绵体的重要水域涵养地和城市生态源地。严格保护和控制城区内的品字山和土堡寨等浅丘地貌和丘区生态结构，保留自然山水格局。对现状丘区广布的以塘为核心的小微湿地结构在保护的基础上，进行小微湿地网络的重建，提升其生态涵养功能。

遵循生态理水的基本原则，梳理规划区内现状水系资源，打通现状水系循环网络，形成完整的水系网络体系。在所有河溪交汇处、河溪与道路交汇处等交汇区，通过面状扩展，形成交汇区的小微湿地。将南部用地空间的现状稻田湿地，在保留现在稻田肌理的前提下，通过对道路、沟渠、休憩设施进行合理化设计与营建，形成南部用地空间的稻作湿地生态结构，将规划区原有部分稻田改为生态功能更优的农业小微湿地。以张星桥河、窝子溪等线性河溪为主，形成长约 14 km 的城市河溪湿地景观，使得城市内 70% 的地块能享受河溪湿地景观，形成双桂新城内"推窗见湿"的城市生态景观。

4.2.2　连线成网：城市慢行系统与湿地生态网络耦合

规划和营建双桂新城内"一带双轴七廊"的湿地景观结构，并且与城市慢行交通设计相结合，打造城市游憩环线、滨湖游憩环线、城市步行环线和登山游憩环线结合的慢行系统，在所有各类环线两侧营建以生物沟串联的小微湿地生态带（图 4-4）。

沿双桂湖滨湖路建设城市滨湖湿地生态带。将湖滨游憩环线与各类小微湿地结合。采用柔性设计策略，应对具有柔性美感的城市湿地景观设施，建设蜿蜒多变、具有多景观层次、多生态序列的城市线性湿地景观。同时，在双桂新城内的相关道路轴线建设中，扩宽城市绿化控制带，结合海绵城市建设要求，强化道路两侧小微湿地景观建设。控制双桂新城内联通山、水、城的生态景观复合廊道，包括"牛头寨—双桂湖""品字山—双桂湖""品字山—李家沟"山水景观绿廊，"兰湖路""知德大道""桂香路—土宝寨"城市景观视廊，"张星桥河"等生态景观通廊，将生态景观廊道建设与小微湿地网络建设有机融合。

图 4-4　道路两侧以生物沟串联的小微湿地生态带

在城市慢行系统建设中，将主体慢行网络与各居住小区步行系统有机结合。城市游憩环线靠近城区主要交通干道，配套建设步道和骑行道。在步道和骑行道两侧，充分结合线性小微湿地布局有机串联，形成具有湿地生态特色的城市生态慢行系统。

4.2.3　聚斑成景：公共空间节点与湿地生态斑块耦合

结合梁平区国际湿地城市建设要求，将公共空间节点建设与小微湿地斑块营建有机耦合。营建小微湿地群，建立国际湿地城市景观系统骨架，建设张星桥河湿地公园、品字山公园、都市稻田湿地公园、土堡寨公园等核心景观区域。结合城市空间结构和功能布局，在社区邻里中心节点或其他公共空间节点地段，依托小微湿地群的建设，布局"小微湿地社区公园"。

将城市不透水地面修复为下渗地面。增设雨水循环路径，通过建设植草沟、下凹式绿地、雨水湿地、雨水花园、生物沟等小微湿地，在城市公共空间内融"滞、汇、蓄、净、排"等功能于一体，进行城市雨洪的合理调控，充分利用雨水资源。

4.2.4 湖城共生：城市建设与小微湿地网络交相辉映

1）利用类型多样的小微湿地，优化湖岸生态空间，提升湖岸生态系统服务功能

在河／湖岸及滨水空间的生态设计中，界面生态调控的基本原则告诉我们，应考虑界面生态空间的拓展，优化界面生态结构，而不仅仅是单纯的河／湖岸及滨水空间的植物栽种及群落构建。针对河／湖岸污染拦截净化、生物多样性保育等主导生态服务功能，把小微湿地作为一类功能性湿地，将其作为河／湖岸复合生态系统的有机组成要素，在梁平区国际湿地城市建设中进行综合设计与应用。建成类型多样的小微湿地（图4-5），优化了湖岸生态空间，提升了湖岸生态系统服务功能。

图 4-5 梁平区双桂湖岸类型多样的小微湿地

2）传承传统农耕生态智慧，营建湖岸"林 – 草 – 湿"复合生境格局

双桂湖城市规划区范围内，在西岸和南岸，过去有不少农耕区域。对这些进入城市规划区范围内的用地空间，借鉴传统农耕生态智慧，利用原有的沿丘区地形分布的稻田、水塘机理，设计和营建沿等高线展布的梯级小微湿地、类型多样的湿地塘、生物沟等线性小微湿地，营建湖岸"林 – 草 – 湿"复合生境格局（图4-6），形成形态优美、生态功能优良的湿地景观。

3）构建以湖岸多功能小微湿地为核心的"沟 – 渠 – 田 – 塘 – 湖"湿地生命网络，营建韧性生命湖岸

在湖岸小微湿地建设中，注重水文连通和生态连通，通过线性沟、渠将湿地塘、生物洼地、雨水湿地、湫洼湿地等各类小微湿地连通成网，并最终与双桂湖形成水文和生态连通，形成"沟－渠－田－塘－湖"湿地生命网络，增加了双桂湖岸的生态韧性。紧密结合城市湿地连绵体的建设，建成了窝子溪、赤牛溪、张星桥河、八角荷塘等湿地公园、湿地游园，形成以双桂湖为核心的结构完整、空间连续、功能优良的城市湿地连绵体。

图 4-6 梁平区双桂湖岸"林－草－湿"复合生境

4）以小微湿地营建城与湖之间的生态空间，促进湿地之城人与自然和谐共生

在国际湿地城市建设中，以湿地营城，以湿地融城，在不同空间尺度和各个建设层面上，将湿地保护修复与城市建设有机结合，建成城市与湿地水乳交融的国际湿地城市（图 4-7），使湿地与城市交相辉映，促进湿地之城人与自然和谐共生。

图 4-7 湿地与城市交相辉映的梁平城区（余先怀拍摄）

第 5 章

"小微湿地 +"
——梁平乡村小微湿地创新模式

2018年10月22日，《湿地公约》第十三届缔约方大会审议通过了中国提交的《小微湿地保护与管理》决议草案，意味着小微湿地保护与可持续利用进入了关键时期。近年来，梁平区强化"上游意识"、担当"上游责任"、提升"上游水平"，坚持共抓大保护、不搞大开发，深入践行"绿水青山就是金山银山"理念，并积极开展探索实践。先行先试的乡村小微湿地成为长江上游美丽乡村的点睛之笔，乡村湿地生命共同体蓝图初步呈现。梁平区统筹山、水、湿地环境综合保护和利用，建设全域小微湿地群。梁平区人民政府与重庆大学联合成立长江上游乡村湿地研究中心，重庆大学湿地研究团队提出了乡村"小微湿地 +"模式，梁平区将乡村小微湿地保护利用与乡村振兴、农村人居环境综合整治、脱贫攻坚等深度融合，取得了小微湿地保护与可持续利用的优异成果。

5.1　乡村"小微湿地 +"概念

独特的地理环境，复杂多变的地形地貌，沟、塘、渠、堰、井、泉、溪、田等湿地要素交织融汇，形成了梁平丰富的小微湿地资源。梁平区把小微湿地的保护与可持续利用作为乡村振兴工作的重要切入点，创新性地实施了"小微湿地 +"系列模式。首次提出并成功实施了山地梯塘小微湿地、丘区林团小微湿地、环湖小微湿地群、竹林小微湿地，在加强保护的基础上发展湿地农业、湿地生态养殖、湿地产品加工、湿地生态旅游、民宿康养、湿地自然教育等湿地资源利用方式，为周边居民提供了大量的就业机会和创收机遇。

在国际湿地城市建设中，梁平区提出"小微湿地 +"概念，即将乡村小微湿地保护利用与乡村振兴、农村人居环境综合整治、脱贫攻坚等深度融合。在生态振兴方面，实施"小微湿地 + 环境治理"，注重发挥浅丘地带沟、渠、塘、堰、井、泉、溪、田等小微湿地生态效应，涵养境内 80 万亩稻田湿地生态系统，强化乡村雨洪管理、污染控制、水源涵养等生态功能，有序构建乡村湿地生命共同体。实施"小微湿地 + 镇村尾水治理"，结合龙溪河流域水环境综合治理试点，统筹农村污水处理厂尾水提升工程，建成一批污水治理小微湿地公园。在产业振兴方面，实施"小微湿地 + 生态产业"，利用小微湿地推广"水八仙"种植，培育一批湿地生态产业，走深走实"两化路"。以"梯塘小微湿地 + 梦溪湉园乡村民宿"提升百里竹海乡村小微湿地群示范项目，以"碗米林团"小微湿地带动"小微湿地 + 乡村民宿""小微湿地 + 民宿康养"的全面推行。配合生态渔产业发展，建成一批塘、堰湿地，发挥渔业生产与小微湿地净化的互利共生的协同作用。

5.2 乡村"小微湿地 +"模式

充分发挥小微湿地的多功能、多效益，将小微湿地的设计营建与乡村生态保护、环境治理、产业发展、生态振兴、乡村文化建设等有机结合，形成了系列"小微湿地 +"模式，主要包括以下几个方面：

1）小微湿地 + 生态保育

以小微湿地促进区域生物多样性和生态系统保护，让小微湿地成为流域内淡水生物多样性保护的关键节点。类型多样的小微湿地不仅增加了生境类型的多样性，而且小微湿地群的建设与梁平区其他生态基础设施一起，为区域生态系统健康提供了保障。

2）小微湿地 + 环境治理

充分发挥小微湿地的污染净化、局地气候改善、热岛效应减缓、空气净化等功能，将小微湿地建设与城镇乡村生活污水治理紧密结合，让一处处小微湿地成为乡村污水治理的"生态肾"。

3）小微湿地 + 生态产业

合理利用湿地资源，以小微湿地群为核心，构建综合性湿地生态产业，包括丘区湿地农业、湿地花卉苗木产业、湿地产品加工业、湿地生态旅游业、湿地创意文化产业等。

4）小微湿地 + 民宿康养

以小微湿地促进乡村人居环境质量改善和优化，促进乡村民宿康养的发展。将小微湿地作为乡村民俗的重要生态基础设施，将小微湿地作为乡村康养产业发展的重要支撑。

5）小微湿地 + 自然教育

发挥小微湿地的科普教育功能，将小微湿地建设与公众和中小学的自然教育紧密结合，建设一批湿地自然学校，促进小微湿地自然教育和研学的发展。

5.3 乡村"小微湿地 +"实践

5.3.1 小微湿地 + 生态保育

重点针对湿地生物多样性、珍稀濒危特有物种及其关键生境等，开展生态保育工作，将小微湿地与生态保育有机结合起来。在双桂湖环湖水岸建设中，加强环湖小微湿地建设，优化鸟类及其他动物的生境。如今，在双桂湖环湖岸生态空间内，自生植物发育良好，植物种类丰富。优良的小微湿地生境吸引了众多鸟类，除了种类数增加明显外，在小微湿地塘内还发现彩鹮（*Plegadis falcinellus*）等珍稀濒危鸟类；在双桂湖环湖小微湿地中共记录蜻蜓 28 种，还发现了一种重庆市较少出现的束翅亚目种类——隼尾蟌（*Paracercion hieroglyphicum*）。

5.3.2　小微湿地 + 环境整治

实施"小微湿地 + 环境整治"，注重发挥浅丘地带沟、渠、塘、堰、井、泉、溪、田等小微湿地的环境净化效应，强化乡村雨洪管理、污染控制等生态功能，有序构建乡村湿地生命共同体。实施"小微湿地 + 镇村尾水治理"，结合龙溪河流域水环境综合治理试点，统筹农村污水处理厂尾水提升工程，建成一批污水治理小微湿地公园。

梁平区所有场镇和集中农村居民点的生活污水经过污水处理厂处理达标之后，进入小微湿地进行深度净化后，再排入河流等自然水体（图 5-1）。小微湿地系统发挥着净化水质、调节局地气候、优化人居环境的作用。

图 5-1　梁平区竹山镇河用于生活污水尾水净化的小微湿地

竹山场镇的小微湿地发挥了水质净化、景观美化作用。通过"全域治水，湿地润城"的实施，小微湿地发挥了调节局地小气候、满足乡村水源涵养、对污水处理厂尾水水质提标等功能，保障了乡村水环境安全。

5.3.3　小微湿地 + 生态产业

梁平区将乡村小微湿地与脱贫攻坚、乡村振兴及产业发展深度融合，探索生态价值向经济价值转化的绿色路径。利用浅丘地带中的沟、塘、渠、堰、井、泉、溪、田等湿地资源条件，在全区 400 余个具有典型示范效应的小微湿地，有序构建乡村小微湿地生命共同体，形成水生经济作物种植、水产养殖、湿地康养、湿地旅游等生态产业。在全面推进乡村振兴过程中，梁平区充分发挥小微湿地净化与水产种养殖协同共生作用，依托龙溪河上游湿地资源，将湿地生态元素融入生态种养殖产业，提升小微湿地生态产品附加值，创新"小微湿地 + 生态产业"模式，建成安胜镇"万石耕春"稻田湿地景区、礼让镇"川西渔村"湿地生态渔业园、双桂湖国家湿地公园南岸有机稻田耕作园，探寻乡村产业高品质、多元化发展路径，助力乡村经济高质量发展。通过实施"小微湿地 + 生态产业"，利用小微湿地推广梁平"水八仙"种养殖，培育一批湿地生态产业。

1）以稻田小微湿地为核心，建设"山 – 水 – 林 – 田"湿地景观

　　安胜镇龙印村河溪蜿蜒、良田万顷，是中国首届"中国农民丰收节"重庆主会场、长江三峡（梁平）晒秋节、长江三峡（梁平）耕春节等节会活动的举办地，具有悠久的农耕文化和优良的稻田资源基础。建设以冬水田为核心，依托"山 – 水 – 林 – 田"生态要素及稻作农耕民俗文化，在保护万亩稻田湿地生态系统基础上，结合生态农耕、乡村旅游体验，发展梁平近郊湿地生态产业（图 5-2）。

图 5-2　梁平区"万石耕春"田园湿地景观

　　通过完善道路、沟渠等基础设施，打造湿地有机产业基地。建设了有机稻种植基地 1 000 亩、绿色稻种植基地 2 000 亩、经果林种植基地 3 000 余亩。

培育一批稻－藕共生、稻－蔬共生、稻－鸭共生（图5-3）、稻－鱼共生（图5-4）、稻－鸭－鱼共生、稻－虾共生、稻－蟹共生、稻－鳅共生等共生型湿地农业模式1 000亩，实现了"肥药双减、一田双收、粮渔双赢"，带动老百姓增收致富。以"万石耕春"稻田耕作园为核心区积极创建小微湿地生态产业示范基地。建成田间物候观测、水肥管理、病虫害数字化监测预警和田间生（长）产实时显示等田园湿地智能化管理系统；租用闲置民房建成3 000 m^2"碗米林团"湿地民宿；建立"万石耕春 风味梁平"湿地农产品区域公共品牌。

图5-3 梁平区万石耕春田园区的稻－鸭共生基地

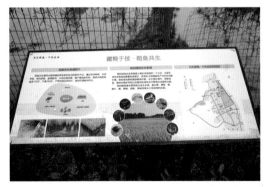

图5-4 梁平区万石耕春田园区的稻－鱼共生基地

建成后的"万石耕春"稻田湿地景区，核心面积为640.32 hm^2，其中湿地面积为434.99 hm^2，包括永久性河流、库塘、输水沟渠、水产养殖塘及稻田／冬水田等湿地型。由山、水、林、田、湖、沟、塘、渠、井、溪等各生态要素组成乡村湿地生命共同体，是梁平发展湿地生态农业、湿地生态旅游业、湿地民宿产业的展示窗口,是梁平区发展有机稻、水八仙、经果林种植和有机生态产品品牌的区域。

2)推进稻鱼共生,促进共生型湿地农业的发展

礼让镇川西村是市级乡村振兴示范村,该村连同紧邻的同河村、老营村、新华村大力发展湿地生态渔业,年产值达 1.5 亿元。"川西渔村"将养殖塘与用于养殖废水处理的人工湿地结合在一起(图 5-5),保证养殖废水得到有效净化。"川西渔村"湿地生态渔业园以川西村为核心区域打造,总面积为 315.11 hm²,以"标准鱼塘、配套设施、湿地观光景区"为建设重点,采用"稻 – 鱼共生"模式,达到"一水两用、一田双收、粮渔双赢"目的,是梁平"全域治水,湿地润城"生态发展理念的重要实践。

图 5-5 "川西渔村"湿地生态渔业园

"川西渔村"还按照"渔业园区化,园区景区化,湿地与农旅融合助推乡村振兴"的发展思路,将渔产业、渔文化展示、养鱼技术培训、湿地观光、餐饮住宿等休闲观光生态旅游有机结合。"川西渔村"湿地生态渔业园分为渔阅(科普展示区)、渔火(文化体验区)、渔趣(旅游拓展区)、渔家(度假休闲区)等功能区,建设了龙溪河湿地公园、渔业养殖观光区、稻渔人家等湿地与产业相融合的生态景点。

3)成绩斐然,"小微湿地 + 生态产业"未来可期

在安胜镇"万石耕春"稻田湿地景区、礼让镇"川西渔村"湿地生态渔业园、双桂湖国家湿地公园南岸有机耕作园进行的"小微湿地 + 生态产业"探索,呈现出良好的生态环境效益和社会经济效益。

安胜镇"万石耕春"稻田湿地景区生产了各类品种的有机大米,2020 年,"万石耕春"大米海内外销量达 1 000 余 t,销售总额突破 5 000 余万元。"万石耕春"示范基地打

造的稻－鱼共生、稻－鸭共生等共生型湿地农业基地年均养殖业收入达3 000余万元。此外，种植于该区的荸荠、水芹、茭白、慈菇等水八仙产品，年产值可达到500余万元。

"川西渔村"湿地生态渔业园集良种繁育、养殖加工、湿地观光、生态旅游于一体，成为重庆市规模集中度最高的商品鱼生产基地和全市唯一以渔业为主的农业科技园。"川西渔村"以年产值1.5亿元入选全国乡村特色产业十亿元镇亿元村。在川西渔村设立渔阅、渔火、渔趣、渔家等主题科普展示区、文化体验区、旅游拓展区、度假休闲区，促进湿地生态产品价值进一步有效转化。

双桂湖国家湿地公园南岸稻田小微湿地有机耕作园实行"生态招租，统一管理"模式，按照统一生态种植要求进行耕作，生产的有机大米受人民群众喜爱，既提高了农作物品质，又保留了双桂湖湿地景观特色，带动了周边200余人再就业。

5.3.4 小微湿地＋民宿康养

以"梯塘小微湿地＋梦溪湉园乡村民宿"提升"百里竹海"乡村小微湿地群示范项目，以"碗米林团"小微湿地带动"小微湿地＋乡村民宿"的全面推行。

在全面推进乡村振兴过程中，梁平区坚持生态优先、绿色发展，立足小微湿地保护修复与合理利用，积极探索"小微湿地＋民宿康养"模式，打造了以梦溪湉园为代表的明月山民宿群、以"碗米"为代表的渝东北丘区林盘小微湿地群落，在全域范围内形成了湿地与民宿相伴相生的民宿康养景观。

明月山民宿群的建设，小微湿地营建是其重要环节，坚持以生态修复为主，顺应山地地形，着力实现着生态与经济的有机统一。以竹山镇猎神村梦溪湉园民宿建设为例，猎神村地处明月山百里竹海腹地，森林面积8 000余亩，其中成片竹林6 000余亩，森林覆盖率达84%，矿产资源丰富。开矿凿井、伐林造纸在20世纪八九十年代是当地主要增收方式，致使植被破坏、水源枯竭、河道断流、矿山地表塌陷，并导致土地开裂、植被破坏。随着"绿水青山就是金山银山"理念日益深入人心，当地人意识到：不能再走以牺牲环境为代价换取经济增长的老路，生态文明建设才是永续发展的千年大计，要为子孙后代留下绿水青山。

转变发展思路、谋划新的出路，势在必行。利用矿山塌陷区，建设"多功能梯级塘＋立体农业复合系统"、湿地经济塘、"多功能梯级塘＋生命花园＋生境塘"等小微湿地模式，将竹林、湿地等划入生态保护范围。

秉承"师法自然"理念，强调场地自我修复能力，以"多功能梯级塘＋立体农业复合系统"、湿地经济塘、"多功能梯级塘＋生命花园＋生境塘"等小微湿地生态修复创新模式，对场地进行空间和功能重构，优化场地的生态服务功能。

利用乡村聚落原生态，重塑林盘生态体系。利用山水田园优良生态本底，打造渝东北丘区林盘小微湿地群落，促进乡村民宿发展，推动乡村生态旅游。

安胜镇印屏山下建设了以"七龙珠林盘"（包括碗米、米当家乡村林盘）为主，遵循乡村小微湿地发展特色，利用院落老宅、稻田、菜地、竹林、残墙等现有资源条件，保留稻田小微湿地风貌，在留住乡愁记忆基础上，挖掘稻田小微湿地生态功能，创建了乡村聚落建设与民宿旅游发展的创新模式。

"七龙珠林盘"恪守生命景观理念，注重民俗乡土景观与小微湿地群融合共生，通过塘、渠、沟、田小微湿地建设，营造了"依山傍田树环塘、成团竹木绕农舍"的渝东北生命景观（图5-6）。因其地处山地丘陵区域，结构更加立体，空间异质性更强。在林盘内部和外部，一系列小微湿地与居民生产生活紧密联系，对乡村聚落单元发挥着调节局地气候、净化生活污水、丰富生物多样性、涵养水源等重要功能。

图 5-6 以林盘小微湿地群落为主的渝东北乡村生态景观

如今，梁平区民宿产业蓬勃发展，康养产品更加抢手，乡村旅游红红火火。现在，猎神村及百里竹海民宿群已发展高端民宿 50 余家、中端民宿 70 余家，带动当地村民增收。小微湿地与民宿的结合，让猎神村、安胜"万石耕春"成了"网红"打卡地，这里也是耕春、晒秋、晴秋、明月山民宿消费季等活动举办地，推出了 14 条精品旅游线路，拉动城郊假日经济，助推乡村振兴。明月山百里竹海民宿回归旅游线路成功入选全国精品旅游线路，成为全国 100 条精品主题旅游线路之一。

5.3.5 小微湿地 + 自然教育

1）基于良好湿地生态本底，利用小微湿地资源开展自然教育

梁平区建设了梁山草甸泡泡小微湿地群、三峡竹博园竹林小微湿地，将湿地元素与农耕、水利、历史、人文等文化元素有机结合，修复了都梁飞雪、梁山草甸、三峡竹博园等湿地生物多样性示范区；完善环湖路 8.3 km、巡护步道 9.9 km、慢行系统，环湖自然驿站将自然景观、湿地和休憩空间完美结合，让湿地成为人民群众共享的优良绿意空间（图 5-7，图 5-8）。

图 5-7　基于双桂湖西岸良好的小微湿地景观，开展的自然教育受到大众欢迎

图 5-8　环双桂湖岸小微湿地景观吸引了众多青少年或儿童

2）丰富展陈手段，促进湿地自然教育提档升级

梁平区通过拓展室内、室外自然教育，营造丰富多元的展陈方式，促进湿地自然教育提档升级。建设了一系列室内宣教场所，包括集重庆竹类植物科研实验、教学实习、科普宣教等于一体的三峡竹博馆，与学校联手开办的科普宣教中心等。

室外宣教场所有以稻田湿地形式呈现的湖岸梯塘小微湿地，有以泡泡湿地、湿地草甸等形态呈现的湖岸多维小微湿地，有以竹类资源为主的竹林小微湿地，还有以传承巴蜀农耕耕作技术为主的南岸稻作湿地研学体验区。

双桂湖南岸稻作研学体验区采用"稻田＋"生态种植模式，建立"稻－鱼共生""稻－虾共生""稻-蛙共生"等共生湿地农业系统，并以簇状栽植有机稻、水八仙等经济作物，通过传承巴蜀农耕耕作技术，开展二十四节气、春耕秋收等亲子研学湿地农耕体验课程，构建南岸湿地耕作研学体验区，建立全社会共同参与的开放式户外湿地自然教育平台（图5-9）。

图5-9　双桂湖南岸稻作研学体验区（余先怀拍摄）

3）自然教育全面开花，生态保护意识深入人心

以双桂湖国家湿地公园为主开展的湿地自然教育，将湿地保护的生态效益、经济效益、社会效益生动形象地展示给广大人民群众。如今，双桂湖国家湿地公园已获批"国家林草科普基地""国家青少年自然教育绿色营地""重庆市科普基地""重庆市自然教育基地""重庆市生态文明教育基地""重庆市梁平区新时代文明实践基地""重庆市梁平区乡村文化振兴基地""重庆市梁平区中小学社会实践基地""梁平区研学基地"等荣誉称号，成为重庆市生态文明实践培训基地。

在宣教过程中，梁平区结合"世界湿地日""重庆湿地周""爱鸟日""世界野生动植物日"等，联合各部门和社会公益机构，开展了一系列湿地自然教育活动，小微湿地成了自然教育的重要载体。创新性开展自然教育，引领生态旅游发展，既增加了经济收入，又保护了生态环境。

通过近五年的努力，梁平区在湿地保护修复与可持续利用方面走出了一条具有西部和长江上游特色的路子，乡村"小微湿地＋"等一系列湿地保护修复、科学利用的组合拳，诠释着梁平区"湿地让城市人民生活更幸福，湿地让农村居民减贫致富"的生态文明理念。梁平区将牢固树立"绿水青山就是金山银山"的理念，坚持"全域治水，湿地润城"，深入持久地实施乡村"小微湿地＋"，致力构建乡村湿地生命共同体，持续推动乡村生态振兴，努力为全域生态文明建设作出更大的贡献。

第6章

等高线智慧
——山地梯塘小微湿地

山地海拔高差大、环境梯度明显、空间异质性高，以及相对较低的人类干扰强度，蕴涵了极为丰富的生态和地理信息，是生物多样性的富集区域。山地海拔高差、地形起伏以及破碎度等环境特征，使得山地区域的自然景观、人文景观及人类生产、生活活动无不打上了山地的烙印。山地景观最明显的特征是：随海拔增高，山地气候、植被、土壤及整个自然地理综合体都发生明显的垂直分异，自下而上地形成多种有相互联系的气候带、植被带、土壤带，特别是具有一定排列顺序和结构的、以植被为主要标志的山地垂直景观带。山地景观随着海拔高度变化是所有学者的共识。国内外学者针对山地环境特征，开展了一系列山地景观的研究。严军等（2015）以安徽省马鞍山向山镇石山公园为例，进行了基于山形特征的山地公园景观空间选址研究，对山体形态特征和石山公园景观空间的关系进行定性和定量的分析，探究山体形态特征与山地型城市公园景观空间建构的关系；李正等（2016）以北京植物园为例，进行了中国山地景观中的植物园分析；袁嘉等（2021）以典型山地城市重庆主城典型江岸九龙外滩实施修复实践为例，进行了山地城市江岸景观修复设计研究；冯凤娇等（2016）以瓮安水瓮梯田湿地公园景观设计为例，对山地梯田湿地景观设计进行了探讨。

由于山地交通不便，生产、生活不便，山地区域常常是经济脆弱地区和生态环境变化敏感区。尤其是地处山地的乡村，面临着发展的困境和危机。但山地区域优良的生态环境质量以及丰富的生态资源，既是实现绿色发展、解决乡村经济发展问题和环境破坏问题的有效保障，也是建设优美山地景观、发展生态旅游的良好基础。山地环境的复杂性和异质性给山地景观研究带来了严峻挑战，应对这种挑战是山地景观研究的核心任务，也是山地乡村振兴的机遇。

湿地是山地自然景观的重要组成要素，在山地景观生态系统中具有重要的生态服务功能。山地自然景观中的湿地，多以小微湿地形态出现，主要包括小型湖库、小型河溪、塘、堰、沟、渠、井、泉、春沼、湫洼、斜坡湿地等小微湿地类型。在地形破碎的山地，小微湿地最典型的特征是其空间上的不连续性，这些看似在空间上离散分布的小微湿地元素，通过乡村小流域的沟、渠、溪的联结，实现了功能上的有机联系，构成乡村景观中的"小微湿地网络"。

但在山地景观研究及设计中，过去对作为山地自然景观组成要素的湿地重视不够，除了涉及山地梯田湿地外，关于山地湿地景观的研究工作很少。如何利用山地地形、丰富的生物多样性及独具特色的山地小微湿地资源，将湿地与山地景观建设、生物多样性保育、山地绿色发展等进行多功能耦合，亟待开展深入研究。本章以地处重庆东北的梁平区猎神村为例，以山地多功能小微湿地生态景观为目标，进行了顺应高程梯度的山地梯塘小微湿地生态系统设计与实践研究，可为山地生态景观设计研究提供科学参考及技术范式参照。

6.1 研究区概况

研究区域位于重庆市梁平区竹山镇猎神村。梁平区位于重庆东北部，地处川东平行岭谷区，面积 1 892 km²，地貌呈"三山五岭，两槽一坝，丘陵起伏，六水外流"，形成山、丘、坝兼有，以低山丘陵为主的地貌。其中，明月山位于梁平区西部，是近南北走向山坡陡峻的条形背斜低山。明月山背斜因山顶出露的嘉陵江组灰岩被水溶蚀成为狭长的槽谷，两翼的须家河组沙岩相对成为山岭，故为"一山两岭一槽"型。梁平区处于长江干流与嘉陵江支流渠江的分水岭上，地势高于四周，为邻县溪河发源地；属暖湿亚热带气候区，四季分明，气候温暖，雨量充沛，湿度大，云雾多。

研究区域所在的竹山镇猎神村位于明月山上，海拔 800 m，有山林上万亩，分布有丰富的石膏等矿产。过去，村里有 10 多家矿业企业。20 世纪 70 年代至 21 世纪初，先后建起了大小石膏矿 20 余家，猎神村的主要经济来源就是开采石膏矿。虽然开矿收益不错，但对猎神村生态环境的不利影响和破坏很大，常年灰尘笼罩，成片竹林蒙上厚厚灰尘，清澈溪流逐渐干涸。2017 年，猎神村全面关闭辖区内 5 座石膏矿（图 6-1），划定 6.4 km² 生态保护区，开始对原有矿山遗址进行生态修复、综合治理。

图 6-1　猎神村石膏矿关闭后的环境状况（右上图为梁平区湿地保护中心提供）

近年来，"绿水青山就是金山银山"的生态文明理念引导着村民走生态优先、绿色发展之路。2018年初，梁平区提出了"全域治水，湿地润城"的发展理念，在乡村实施"小微湿地+"模式，推动湿地与全域旅游、乡村振兴、农村人居环境综合整治、脱贫攻坚等深度融合。针对猎神村石膏矿开采造成的生态环境破坏现状，结合以乡村民宿和山地生态产业发展为主的乡村振兴需求，在生态修复中，借鉴西南山地梯田的生态智慧，提出顺应山地高差和地形的"梯塘小微湿地"概念和设计技术框架，将小微湿地作为山地水源涵养、水土保持、生物多样性保育的重要手段，优化山地环境，走山地绿色发展之路。

猎神村村落上游是一条宽约为80 m的山地沟谷，沟谷顺山坡延伸，坡度约为20°～25°，谷底宽度为30 m。沟谷一侧山梁最高海拔为800 m，村落海拔为730 m。沟谷谷坡过去是沿山坡分布的水田与旱地镶嵌交错的坡地，后改为旱地。该地块下面是石膏矿采掘洞，石膏矿开采导致该区域地表生态环境被破坏。2017年石膏矿关闭后，2018年将沟谷旱坡地开挖成了形态整齐划一、边缘陡硬的7个鱼塘（图6-2），通过一条渠道，与村落旁的风水塘相连。风水塘的出水穿过村落，汇入七涧河，最后汇入龙溪河（长江左岸一级支流）。

图6-2　梯塘小微湿地建设前的环境概况（2019年2月）

研究设计和营建范围包括：上起猎神村沟谷上游蓄水塘顶部（海拔780 m），下至村落旁的风水塘下界（海拔730 m），海拔高差50 m，呈带状区域，带状延展长570 m（图6-3），面积约2.39 hm²。2019年初开展场地调查时，该区域为深挖形成的形态整齐划一、边缘陡硬的鱼塘，景观品质低下，生物种类贫乏，功能单一。2019 年 3 月完成设计，2019 年 4 月下旬完成梯塘小微湿地结构施工及植物栽种。

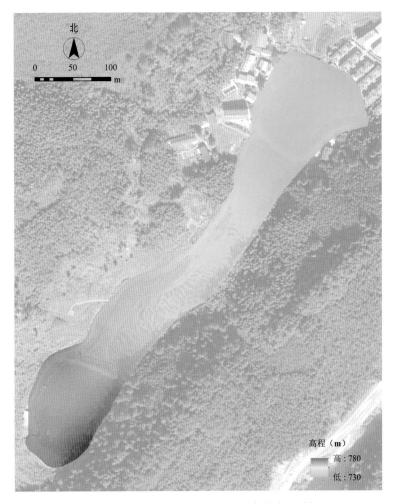

图 6-3　梯塘小微湿地设计区域的海拔高程分析

6.2　策略与目标

6.2.1　设计策略

针对地形高差、坡度、坡向、地表起伏、水资源及生物资源的立体分布、高空间异质性和多变环境等山地特征，提出适应山地特征的小微生态景观设计策略框架，提出山地梯塘小微湿地生态设计的 CTSSM 策略。

1）等高线智慧策略（Contour Intelligence Strategy）

西南山地的劳动人民在几千年的生产生活实践中，创造了顺应山地等高线分布的劳作方式及生产模式，他们修建的梯田、植物篱、堡坎等，一级级沿高程分布，既适应复杂的山地地形和山地坡面独有的物理性质、山体特征及资源禀赋，又能有效稳固坡面、抵抗雨水冲刷、防止水土流失，同时改善山地自然环境，这就是千百年来山地原住民创造的等高线智慧。本研究试图进一步挖掘隐含在山地等高线智慧背后的生态学机制和景观机理，将等高线智慧运用于猎神村山地梯塘小微湿地的设计与实施。

2）立体生态设计策略（Three-dimensional Ecological Design Strategy）

山地立体空间特征明显，这种立体性表现在山地地形、山地气候、山地植被及土壤分布的立体特征，以及山地环境空间的整体立体表现。针对山地立体空间特征，本研究提出梯塘小微湿地设计的立体生态空间策略，应对海拔高差及立体地形条件，形成一个立体小微湿地生态空间。

3）空间异质性设计策略（Space Heterogeneity Design Strategy）

山地空间异质性非常高，这是由山地海拔高差、巨大的地表起伏度决定的。由于山地空间异质性高，由此形成众多的小生境类型，生物多样性丰富。高的空间异质性，也形成多变的环境及小微气候条件。应对山地多变环境因素及小微气候，提出空间异质性设计策略，针对山地空间异质性，对不同小微环境要素、小微生境进行设计。

4）小微生命景观策略（Small and Micro Life Landscape Strategy）

西南山地区域是中国生物多样性保护的热点区域，由于山地环境空间的异质性高，生物物种资源丰富。由于人为干扰，一些山地区域生物多样性出现衰退，因此，在山地景观设计与建设中，生物多样性恢复与保育是非常重要的任务。小微生命景观策略就是在山地景观设计中考虑生物多样性的丰富和提升。针对猎神村带状沟谷生物多样性贫乏的现状，通过对高程 - 地形 - 水文 - 植物的协同设计，丰富小生境类型，提高生物物种数量，丰富生命系统，并使梯塘小微湿地系统与周边山林环境协同形成完整的山地生态系统。此外，将小微生命景观的营建纳入猎神村乡土景观整体营建中（图6-4），以此优化乡村人居环境。

5）多功能设计策略（Multi Functional Design Strategy）

由于山地环境的立体特征以及山地自然条件的复杂性，山地生态系统具有多样化的生态服务功能。对于本研究设计的山地小微湿地系统来说，不仅要具有水源涵养功能、水土保持功能、雨洪调控功能、生物多样性保育功能，还应具有景观美化功能及生物生产功能，也就是在满足自然需求的前提下，同样要满足人类的休闲观赏、经济利用需求，这就是多功能设计策略。

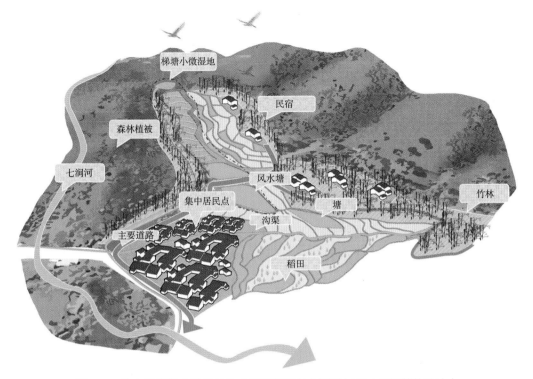

图 6-4　将山地梯塘小微湿地生命景观营建纳入猎神村乡土景观整体设计中

6.2.2　设计目标

利用山地沟谷水资源及环境条件，旨在建设一个顺应山地地形、结构稳定、生物多样性丰富、多功能、多效益的山地梯塘小微湿地系统，建设一个充满生命活力的山地多功能小微湿地生态景观样板。

6.3　设计技术与营建实践

6.3.1　设计技术框架

根据猎神村的资源禀赋和山地环境条件，从要素、结构、功能三个方面，提出了山地梯塘小微湿地的设计技术框架（图 6-5）。

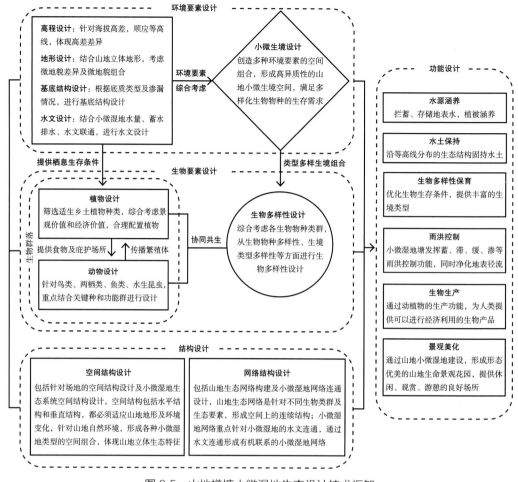

图 6-5　山地梯塘小微湿地生态设计技术框架

6.3.2　梯塘小微生态系统设计与实践

1）综合要素设计

综合要素设计主要从地形、基底结构、水文和生物多样性等四个方面进行。

（1）地形设计：高程与地表起伏度结合、大地形与微地貌组合的复合地形格局设计

猎神村山地梯塘小微湿地建设区域是从海拔 780 m 下行到海拔 730 m 的山间沟谷，被山体和森林环绕。针对高程差异和坡度较大的地势条件，设计梯塘湿地为沿等高线分布的梯级多塘小微湿地。湿地塘的塘基顺着等高线方向蜿蜒展布，除了最上一级的蓄水塘和最下面两级的静置塘及风水塘外，从海拔 735 ~ 775 m 依次沿等高线设计了 69 个小微湿地塘，形成梯级小微湿地塘群。每个湿地塘的塘基平均高度为 50 cm。无论是塘基高度及延展方向，还是小微湿地塘群的每个湿地塘的形态设计，都充分考虑了山地高程差异和地表起伏度（图 6-6）。

图 6-6 顺应高程、结合地形的山地梯塘小微湿地设计平面图

各级小微湿地塘的高程差异根据沟谷自然地形和环境特点，与其所在具体地点的微地貌形态及起伏特征保持协调一致，避免过度开挖破坏地形地貌。在考虑大地形格局的基础上，充分利用该带状沟谷区的微地形差异，结合小微湿地塘、沟、基的设计营建，形成丰富的微地貌组合，维持山地环境的空间异质性，形成丰富多样的小生境类型，为生物多样性的提升创造优良条件，也是山地小微生态景观营建的基础。此外，梯级小微湿地塘群中，无论是深塘，还是浅塘，都进行了水下基底的微地形设计，每一个小微湿地塘内都挖有小型深凼，即负地形的塑造，形成低于基底面、深 50 ~ 100 cm 的不规则深凼，由此形成湿地塘内部高差，增强水团交换，加强水体物理净化能力，也为鱼类及水生昆虫提供庇护场所（图 6-7）。

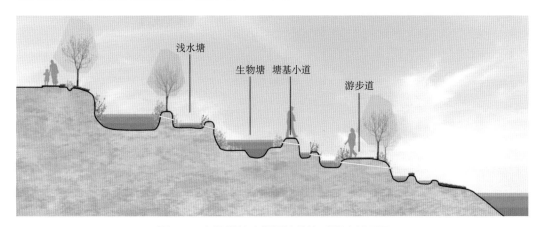

图 6-7 山地梯塘小微湿地的地形设计剖面图

（2）基底结构设计：稳定支持、生机勃勃的生命基底结构设计

梯塘小微湿地的基底既是系统的下垫面结构，受到山地环境因子的综合作用（如

冲刷作用等），也是小微湿地的生命支持结构，提供植物着生和生长的基质。基底结构的设计应综合考虑山地坡面的稳定性、植物生长的营养供给、地表生境的异质性。在本研究中，无论是梯塘小微湿地，还是蓄水塘、静置塘、风水塘，其基底均以黏土防渗，上覆壤土（图6-8）。该区域的土壤以黄壤为主，具有防渗特性，在夯实的基础上铺设种植壤土。同时，在那些面积稍大的湿地塘的基底，抛置少量倒木和块石，增加基底环境的异质性，为鱼类、水生昆虫等生物提供庇护场所。通过基底土壤和环境异质性设计，形成山地梯塘小微湿地系统的稳定支持、生机勃勃的生命基底结构。

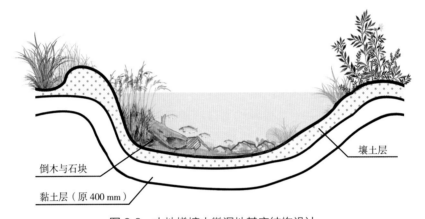

倒木与石块

壤土层

黏土层（原400 mm）

图6-8　山地梯塘小微湿地基底结构设计

图例：
1. 蓄水塘
2. 蓄水塘调节坝
3. 梯塘小微湿地
4. 排洪沟渠
5. 静置塘
6. 风水塘
7. 水文连通沟渠
8. 乡村游道

图6-9　串珠状山地梯塘小微湿地系统模式图

（3）水文设计：蓄－排－净－利－调－控有机结合的山地小微水文系统设计

水是湿地的灵魂，对具有陡峭坡面的山地区域来说，如何保水、用水、排水、调水，是山地景观设计和维持的难点。本研究中的猎神村上部沟谷有一稳定的山泉水源，水文设计在梯塘小微湿地系统最上部构建一个蓄水塘，蓄水塘的海拔高程为850 m，由此往下是沿等高线梯级分布的69个湿地塘，下游进入一个静置塘，静置塘出水通过沟渠进入风水塘，由此形成顺海拔高程、沿沟谷梯级展布的串珠状梯级湿地系统（图6-9）。

蓄水塘水面约为 6 600 m²，平均水深 2.0 m，起到生态蓄水作用，是梯塘小微湿地的水源；暴雨季节则发挥滞洪、缓流作用。69 个梯级小微湿地塘形成沿等高线分布的小微湿地塘群，总面积约 14 200 m²。小微湿地塘群的湿地塘各自具有储水作用，可提供湿地植物和动物生长所需。各湿地塘之间以片石砌筑的水文连通通道（图 6-10），形成连续不断的湿地水文结构。

图 6-10　湿地塘之间以片石砌筑的水文连通通道

下部的静置塘水面为 1 320 m²，平均水深 1.5 m，除了具有滞洪、缓流功能外，还具有净化功能，由上部梯塘湿地系统进入的营养物质，在此得到进一步净化。静置塘中央设计浮床，浮床上种植水生蔬菜，形成鱼菜共生系统；静置塘东部和北部边岸构建竹子为原料的立体棚架，种植藤蔓类瓜菜，并为近岸水域遮荫，满足鱼类生存需求（图 6-11）。下部风水塘位于村落旁，紧邻村落建筑，水面约 1 800 m²，平均水深 1.5 m，既是优美的景观水体，成为乡村聚落景观的重要组成部分；也是村落建筑消防的水源，还起着调节局地微气候的生态作用。考虑到山地区域夏季暴雨季节的排洪需要，在梯塘小微湿地系统的东侧设计了一个宽 4 m 的排洪沟，该沟从蓄水塘下部开始，沿梯塘小微湿地系统东侧下行，最后进入村落下游的七涧河。由此，沿高程分布的蓄水塘→梯级小微湿地塘群→静置塘→沟渠→风水塘，形成一个蓄 – 排 – 净 – 利 – 调 – 控有机结合的山地小微水文系统。

图 6-11　静置塘边岸立体棚架与鱼菜共生系统

（4）生物多样性设计：高程 - 地形 - 水文 - 植物协同设计

山地区域环境空间异质性高，生物多样性丰富。事实上，明月山是梁平区生物多样性的富集区和物种种源地。本研究将物种筛选、配置、群落营建及多样化生境设计有机融为一体，根据海拔高差、地形起伏、水文条件、植物种类筛选及动物栖息需求，形成高程 - 地形 - 水文 - 植物的协同设计（图 6-12）。物种设计主要针对植物（湿地植物、塘基陆生植物），通过适生性乡土植物物种的筛选及种植，形成优良的植物群落结构，再通过陆生和湿地生境的设计，吸引鸟类、两栖类动物和水生昆虫，从而丰富设计区域的生物多样性。

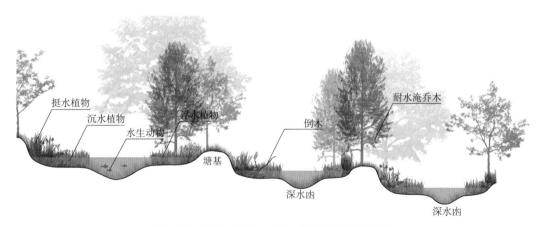

图 6-12　高程 - 地形 - 水文 - 植物协同设计系统

梯塘小微湿地的植物种植，包括沉水植物、浮水植物、挺水植物、陆生草本植物、灌木、乔木等生活型（表 6-1、图 6-13）。

表 6-1　梯塘小微湿地植物种类筛选

生活型	种类	功能	习性需求
沉水植物	苦草、金鱼藻、黑藻、菹草	净化水质，提供丰富的水下生态空间	着生水底，植株全部沉没于水下

生活型	种类	功能	习性需求
浮水植物	莼菜、菱角、荇菜、萍蓬草	可食用水生蔬菜，观赏	着生水底，叶漂浮于水面
挺水植物	慈姑、水芹、水蕹菜、菰、泽泻、荸荠、香蒲、水葱、灯心草、千屈菜、菖蒲、	可食用水生蔬菜，工艺编制原料，观赏	着生水底，茎、叶大部分挺伸出水面
陆生草本植物	除了种植少量观赏草花植物（如滨菊、玉簪、金光菊、细叶芒）外，塘基上的草本植物以自然生长的白茅、鱼腥草等为主	塘基稳固防护，观赏，提供昆虫食物及栖息场所	陆生，耐旱，耐一定水湿
灌木	秋华柳、桑	稳固塘基，观赏，桑可提供生物产品，为鸟类提供食物及栖息场所	陆生，耐旱，耐水湿
乔木	乌桕、池杉	稳固塘基，观赏，提供鸟类食物及栖息场所	陆生，耐旱，耐水湿

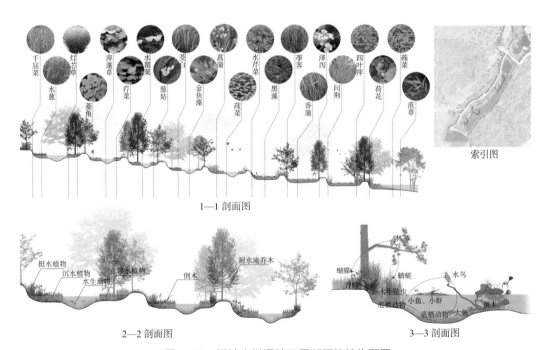

图 6-13　梯塘小微湿地不同断面的植物配置

各种小微湿地塘中的植物包括沉水植物、浮水植物、挺水植物。浮水植物覆盖面积以不超过水面面积 1/3 为宜。三类生活型的湿地植物配置，除了考虑水质净化、提供生物生境及观赏价值外，主要筛选了具有食用价值的水生蔬菜，如慈姑（*Sagittaria trifolia var. sinensis*）、水芹（*Oenanthe javanica*）、蕹菜（*Ipomoea aquatica*）、菰（茭白）

（*Zizania latifolia*）、泽泻（*Alisma orientalis*）、荸荠（*Eleocharis dulcis*）、莼菜（*Brasenia schreberi*）、菱角（*Trapa bispinosa*）、荇菜（*Nymphoides peltata*）等，以及可用于工艺品和编织品原材料的湿地植物，如香蒲（*Typha orientalis*）、水葱（*Scirpus validus*）、灯心草（*Juncus effusus*）等。沉水植物的植株和浮水植物、挺水植物的茎形成复杂的水下生态空间，为鱼类、水生昆虫提供优良的栖息生境（图6-14）。

图6-14　梯塘小微湿地水生植物根、茎形成的水下生态空间是水生昆虫的优良生境

塘基上的植物则重点考虑稳定、固着、观赏、生境等功能。以草本植物为主，稀疏种植很少量灌木和小乔木，如秋华柳（*Salix variegata*）、桑（*Morus alba*）、乌桕（*Triadica sebifera*）等。塘基上少量灌木和乔木，可以为小微湿地塘提供遮荫，并形成优良的生境空间。

2）结构设计

（1）空间结构设计

空间结构设计包括针对场地的空间结构设计及小微湿地生态系统空间结构设计。场地空间结构是从海拔780 m下行到海拔730 m的山间沟谷，针对高程差异和坡度相对较大的地势，对蓄水塘、梯级小微湿地塘群、静置塘、风水塘、沟渠等要素沿等高线方向进行空间布局（图6-15）。单个小微湿地塘的空间结构包括水平结构和垂直结构，都必须适应山地地形及环境变化。针对不同功能的塘结构进行设计，包括水平方向上不同生活型的湿地植物的水平镶嵌，也包括在垂直方向上形成的群落结构（图6-16），从水下的沉水植物开始，在垂直方向上，依次有浮水植物、挺水植物、湿生植物和塘基上的陆生植物，形成垂直方向的分层。

　　结合山地地表起伏度，除了蓄水塘、静置塘外，梯级小微湿地塘群还包括深塘和浅塘。深塘的植物以浮水植物为主，浅塘的植物以挺水植物为主，由此形成各种小微湿地类型的空间组合，体现了山地立体生态特征。

图 6-15　山地梯塘小微湿地空间结构意向图

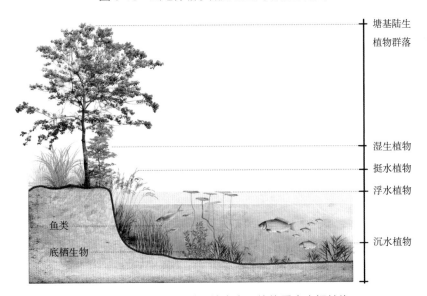

图 6-16　山地梯塘小微湿地生态系统的垂直空间结构

（2）网络结构设计

　　网络结构设计包括山地生态网络构建及小微湿地网络连通设计。山地生态网络是将梯塘小微湿地系统放到明月山生物多样性保护网络体系中，针对不同生物类群及生态要素，形成空间上的连续结构。研究区域所在的明月山是近南北走向、山坡陡峻的条形背斜低山，海拔为 700 ~ 900 m，植被覆盖良好，以常绿阔叶林和竹林混交为主，生物多样性丰富。沿沟谷展布的梯塘小微湿地，是明月山山地生态网络体系的重要组成部分，顺应了沟谷水源涵养、局地气候调节的功能需求。

梯塘小微湿地承接着周边山林的汇水，沿等高线梯级分布，进入村落旁边的风水塘，形成顺海拔高程、沿沟谷展布的串珠状梯级湿地系统（图6-17）。风水塘的出水形成小溪流进入村落内部，穿猎神村而过，与排洪沟相汇后，进入村落下游的七涧河。由此，形成水文连通的山地小微湿地网络。

图 6-17　明月山山地生态网络保护体系中的山地梯塘小微湿地系统

3）功能设计

功能设计重点针对山地梯塘小微湿地的主导功能进行设计，主要包括六个方面：

（1）水源涵养功能：地形与植物的复合设计

无论是蓄水塘、梯级小微湿地塘、静置塘，还是风水塘，都起到了拦蓄、存储地表水的作用，加上湿地植被的涵养，可发挥明显的水源涵养功能。山地梯塘小微湿地系统的水源涵养功能是通过地形与植物的复合设计来实现的（图6-18）。

（2）水土保持：等高生态结构的功效

梯塘小微湿地建设前，该沟谷由于坡度较大，水土流失严重。沿等高线延展的塘基，加上塘基上种植的草本植物、灌木和乔木，形成了良好的"塘基+植物群落"等高生态结构，发挥着类似山地等高植物篱一样的固定和保持水土的作用。

（3）生物多样性保育功能：生境设计途径

综合考虑各生物物种类群，从生物物种多样性、生境类型多样性等方面进行生物多样性设计，创造多种环境要素的空间组合，形成高异质性的山地小微生境空间，满足多样化生物物种的生存需求，达到生物多样性保育的目的。

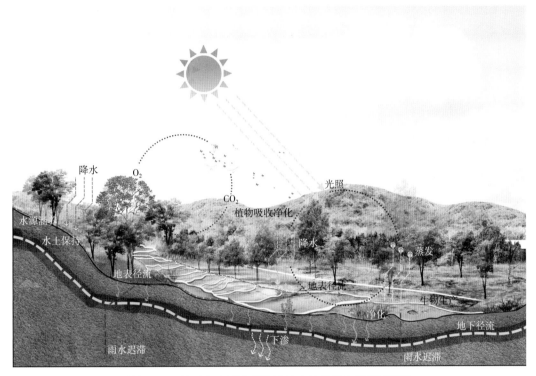

图6-18 针对多功能需求设计的山地梯塘小微湿地系统

（4）雨洪控制：蓄、滞、缓、渗复合功能

通过沿高程分布的蓄水塘→梯级小微湿地塘群→静置塘→沟渠→风水塘的串珠状山地梯塘小微湿地系统设计，形成一个蓄－排－净－利－调－控有机结合的山地小微水文系统，发挥蓄、滞、缓、渗等雨洪控制功能，同时净化地表径流。

（5）乡村小微经济利用功能：湿地种养结合及立体空间利用

动植物的生产功能，可为人类提供可进行经济利用的生物产品。梯塘小微湿地塘里栽种具有经济和观赏价值的莼菜、慈姑、菱角、蕹菜、水芹菜等10多种水生蔬菜和水生花卉；同时塘内放养当地土著鱼类，它们是特色湿地生态产业的基础（图6-19）。

图6-19 山地梯塘小微湿地种养结合及立体空间利用意向图

（6）休闲观赏功能：山地小微景观美化途径

山地梯塘小微湿地建设，可形成形态优美的山地生命景观花园，呈现出美丽的山地立体小微湿地外貌，提供休闲、观赏、游憩的良好场所。

6.4 效益评估

6.4.1 生态效益——小微生命体系的繁盛

自 2019 年 4 月底完成梯塘小微湿地施工及植物栽种后，表现出良好的生态效益，湿地植物生长良好（图 6-20）。梯级小微湿地塘最初栽种了 19 种湿地植物，建成一年后，湿地植物有 30 余种，新增加了 10 余种，新增的种类包括竹叶眼子菜（*Potamogeton wrightii*）、小茨藻（*Najas minor*）、穗花狐尾藻（*Myriophyllum spicatum*）、问荆（*Equisetum arvense*）、四叶苹（*Marsilea quadrifolia*）等。塘基上的草本植物种类达到 35 种，加上排洪溪沟自然生长的植物，猎神村梯塘小微湿地系统的维管植物种类共有 109 种。在梯级小微湿地塘布设了 14 个无脊椎动物采样点，共采集到 50 种水生无脊椎动物，包括龙虱、膀胱螺、萝卜螺、玉带蜻（*Pseudothemis zonata*）、绿综螅等。调查表明，梯塘小微湿地中蜻蜓和蝴蝶的种类明显增多（图 6-21）。此外，梯塘小微湿地区域分布有与周边山林一样的林鸟、草地鸟，如珠颈斑鸠（*Spilopelia chinensis*）、红胁蓝尾鸲（*Tarsiger cyanurus*）、小鹀（*Emberiza pusilla*）、棕背伯劳（*Lanius schach*）、黄腹鹨（*Anthus rubescens*）、纯色山鹪莺（*Prinia inornata*）等，此外，由于梯塘小微湿地建设，改善了水体和湿地环境，调查发现有白鹡鸰（*Motacilla alba*）、北红尾鸲（*Phoenicurus auroreus*）、白顶溪鸲（*Chaimarrornis leucocephalus*）、白冠燕尾（*Enicurus leschenaulti*）等傍水性鸟类分布。梯塘小微湿地生境类型多样，生境质量优良，已经成为猎神村的生命乐园，一个真正的山地小微生态景观（图 6-22）。

图 6-20 湿地植物生长良好的梯塘小微湿地

（a）　　　　　　　　　　　　　　（b）

图 6-21　梯塘小微湿地成为蜻蜓的优良生境

[（a）小微湿地中的红蜻，（b）在小微湿地泽泻丛中羽化的黑纹伟蜓]

（a）　　　　　　　　　　　　　　（b）

（c）　　　　　　　　　　　　　　（d）

图 6-22　充满生机的猎神村山地小微湿地生命景观

（图 b 为余先怀拍摄）

6.4.2 经济效益——"小微绿色银行"的收益

猎神村山地梯塘小微湿地栽种了具有经济价值和观赏价值的莼菜、慈姑、菱角、蕹菜、水芹菜等 10 多种水生蔬菜以及水生花卉等经济作物，长势良好（图 6-23）。据测算，梯塘小微湿地的慈姑产量达到 1 300 kg/667 m²，菱角产量达到 1 000 kg/667 m²，茭白产量达到 1 200 kg/667 m²，蕹菜产量达到 2 500 kg/667 m²，水芹菜产量达到 3 000 kg/667 m²。其中，蕹菜、水芹菜可多季采收。这些水生蔬菜已经成为猎神村的特色湿地产业，被誉为"小微绿色银行"。

（a）   （b）

（c）   （d）

图 6-23　梯塘小微湿地中长势良好的水生蔬菜

在梯塘小微湿地的设计与营建中，周边农地、果园与梯塘小微湿地耦合，形成典型的"农－林－湿"一体化的优美景观和立体生态产业（图 6-24）。

（a）   （b）

（c）   （d）

图 6-24　"农－林－湿"一体化的梯塘小微湿地

6.4.3　景观效益——小微湿地景观的秀美

　　梯塘小微湿地建成后，景观效益显著。梯塘小微湿地镶嵌于低山丘陵之间（图 6-25），小微湿地立体景观特色明显（图 6-26）。梯塘小微湿地与周边山林、农田、村落组合形成了优美的山地景观（图 6-27），增添了猎神村山地乡土景观的灵气，已成为猎神村乡村生态旅游的热点，吸引了大批游客来此观光休闲。

图 6-25　梯塘小微湿地镶嵌于低山丘陵之间

图 6-26 立体景观特色明显的山地梯塘小微湿地

图 6-27 梯塘小微湿地与周边山林组合形成的优美山地景观（余先怀拍摄）

6.5 总结

　　梯塘小微湿地的设计和建设顺应了猎神村山地沟谷的海拔高差和地形起伏，充分利用了山林汇水水源，构建了沿等高线展布的梯塘小微湿地。建成后，梯塘小微湿地系统小微生境类型多样，生境质量优良，已经成为猎神村的山地生命乐园，形成生物种类丰富的山地小微生态景观。猎神村梯塘小微湿地的设计和建设，是山地小微景观设计和实践的创新探索。作为渝东北山地小微湿地景观的设计，其灵魂在于充分挖掘利用等高线智慧，设计重点在于利用海拔高差和地形起伏，设计、建设多样化的立体小微生境，从而丰富了生物多样性，使梯塘小微湿地成为真正的山地小微生命景观。利用山地小微湿地资源发展湿地生态产业，则是山地生态景观设计得以永续利用的基础。猎神村山地梯塘小微湿地的设计和建设，也是山地绿色发展的可行途径，是落实"两山论"、走深走实"两化路"（生态产业化，产业生态化）的有效路径。

　　梯塘小微湿地与村落、山林、农田形成的山地景观组合，不仅在宏观和中观尺度上发挥了水源涵养、水土保持、生物多样性保育、固碳增汇、生态产品供给的重要作用，其单个梯塘结构，也是重要的生物多样性保育单元、水源涵养单元、水土保持单元和碳汇单元（图 6-28）。对这种顺应山地环境的结构和功能单元及其形成的山地梯塘小微湿地群落的研究，下一步的重点将是进一步阐释隐含在这种山地景观结构单元背后的生态学机制。

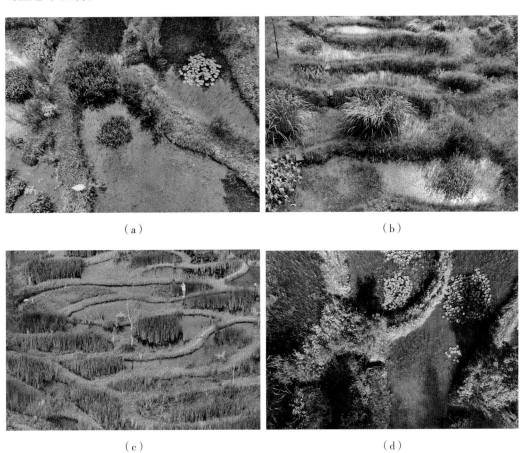

（a）　　　　　　　　　　　　　　　　（b）

（c）　　　　　　　　　　　　　　　　（d）

图 6-28　梯塘小微湿地的结构和功能单元

目前，对山地小微湿地景观的研究仅仅处于初步探索阶段，在今后的研究中，应进一步探索各种时空尺度山地环境变化对山地湿地景观的影响方式及相互作用机理，研发适应山地环境变化的山地湿地景观设计方法和关键技术，开展适应多时空尺度环境变化的山地小微湿地景观与绿色发展协同的设计调控机理和方法体系研究。

第 7 章

微地形的魅力
——梁山草甸小微湿地

地形设计和营建是湿地修复的重要内容,包括地表起伏度设计和微地貌组合设计两个方面。对小微湿地系统来说,主要是微地形设计和微地貌组合营建。作为小微湿地设计的重要组成要素,微地形设计主要是针对性地对小微湿地下垫面原有的形态结构进行设计营建和优化,通过小尺度范围内的地表起伏度设计,包括负地形的凹陷深度、正地形的凸起高度,以及各种凹陷、凸起形态组合,凹陷、凸起结构的坡度、坡向,倒木、卵石或块石抛置所形成的微地貌组合等,由此形成尺度大小不等、起伏变化的微地形格局和各种形态的小型集水空间,有效增加小微湿地的生境异质性,实现控制地表径流、改变污染物质迁移路径、改善局地小气候等功能需求。研究表明,微地形格局对于小微湿地的植物定植过程、生物量积累、植被生产力提高、小气候和微生境改善、植被恢复和景观结构异质性、生态水文过程以及促进群落正向演替等方面发挥着重要作用。

起伏度、覆盖方式、粗糙度和地表高程的小尺度变化等,这些地表微地形的变化,对小微湿地的一些关键物理过程(如热辐射接收、水热迁移和转化等)产生影响。不同微地貌组合能够创造出不同的地表微生境和局地小气候,从而显著增加小微湿地景观的异质性,增加物种多样性。微地形在小微尺度上的异质性,甚至厘米级别的差异,也会造成植物种子扩散及萌发、幼苗存活和植物生长等方面的差异,这足以影响小微湿地内植物的生长和恢复。研究表明,微地形结构及其坡面分布格局与植被地上生物量显著相关,因此,微地形格局的变化能够显著促进小微湿地植被恢复。与此同时,微地形可以控制小尺度上气流和水流速度,从而影响小微湿地的水文循环和物质迁移转换。小微湿地通过局部微地形的削平和抬高,其最直接有效的作用是改善水力联通性,从而提高改善水环境质量。

本章以地处重庆市梁平区双桂湖国家湿地公园北侧的梁山草甸小微湿地营建为例,以建成城市居住区与双桂湖之间的多功能湖岸生态空间为目标,进行以微地形营建为基础的林–草–湿一体化生态湖岸设计与实践研究,可为小微湿地的微地形设计研究提供科学参考。

7.1 研究区概况

研究区位于梁平区双桂湖北岸的梁山草甸,属于双桂湖国家湿地公园的恢复重建区与合理利用区(图7-1)。

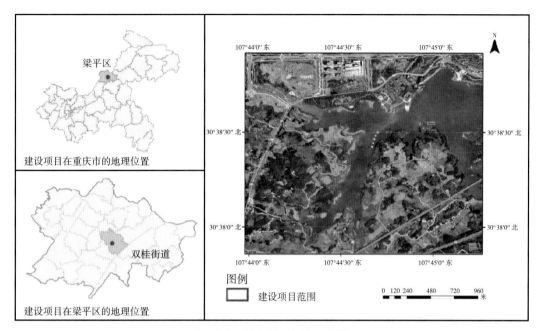

图 7-1　研究区所在地理位置

梁山草甸区过去是单一的城市草坪，由于前期设计缺乏可持续性考虑，导致该区成为整齐划一、种类单一、多样性贫乏的城市人工草坪，人工管护困难，且外来物种（如白车轴草等）危害严重（图 7-2）。建设前，该区域水质较差，景观效果不佳。同时，由于抽水泵、排水管未达到使用要求，导致路面积水、水循环系统未形成，部分区域缺水，植物生长较差。此外，场地中有少量人工景观水塘，边岸以景观石垒砌，形成整齐生硬的水岸，水体中缺乏沉水植物，水质较差。实地调查发现，场地中部和西部有地下水微出水，为多点、散点微出水，可作为小微湿地建设的部分水源。2019 年 9 月，梁山草甸小微湿地群开始建设，结合微地形改造，重建地形骨架，以小微湿地作为湖岸空间生态化建设的细胞单元。

图 7-2　梁山草甸小微湿地建设前的环境概况

梁平区双桂湖北岸梁山草甸小微湿地的设计和实施面积共 6.76 hm^2，通过场地的地形塑造，在场地西边营建梯级塘湿地、湿地生境塘 21 个，面积 0.35 hm^2；沿场地中间的步道两侧、场地北边临近公路之处营建生物沟，总长约 1 153 m。此外，在原整齐划一的草坪范围内，营建一系列泡泡小微湿地、雨水湿地等。

7.2　策略与目标

7.2.1　设计策略

针对双桂湖北岸梁山草甸场地地形、水源条件、与双桂湖水域的空间位置关系，提出了双桂湖北岸梁山草甸小微湿地设计的 NSIRM 策略。

1）基于自然解决方案的策略（Nature-based solutions strategy）

基于自然的解决方案（Nature-based Solutions, NbS），关注生态系统整体设计和综合管理，强调人与自然协同共生。梁山草甸的小微湿地设计，采用基于自然的解决方案，根据梁山草甸的地形及水源条件，借鉴自然小微湿地结构和功能特点的启示，重点通过微地形设计，对现有湖岸空间进行小微湿地群的营建，引导其自我恢复，充分利用生态系统自身的自我设计、自我维持能力。

2）尊重场地，因地制宜的策略（Strategies for respecting the venue and adapting to local conditions）

梁山草甸小微湿地设计根据场地临湖、地形缓平的环境特点，深入了解场地的自然地形、地表水和地下水水文情况、原有草甸的植物生长情况以及与周边城市居住环境的关系，尽可能合理利用原有地形地貌特征进行设计，充分利用当地已有的环境资源达到优化场地环境效果，因地制宜地营建场地的微地形格局。

3）界面生态空间拓展策略（Interface ecological space expansion strategy）

修复前，梁山草甸为单一的城市草坪，作为水陆界面的生态功能低下，界面组成要素的多样性、结构复杂性、功能有效性都较差。以小微湿地作为湖岸水陆界面的细胞单元，通过小微湿地群的营建，拓展梁山草甸区域水陆界面空间，从宏观尺度对场地微地形格局行整体调控，从微观尺度进行微地貌组合多样性设计，以此创造更为多样化的生境空间，丰富植物和动物物种多样性。将湖岸林、草种植与小微湿地群的营建有机结合，形成林－草－湿一体化的湖岸生态空间。

4）韧性设计策略（Resilience design strategy）

由于研究区域属亚热带湿润季风气候区，降雨主要集中在夏秋两季，尤其是夏季多雨，较长时间的连绵阴雨、持续大雨可能带来洪涝灾害；而在春、夏干旱季节，缺水可能导致场地植物生长不良。因此，通过整理场地地形，塑造各类小微湿地并发挥其水源涵养能力，形成韧性应对的湖岸生态结构。

5）多功能耦合策略（Multifunctional coupling strategy）

梁山草甸小微湿地设计秉持"主导功能优先、多功能并重"原则，实施以生物多样性保育为核心的多功能耦合设计。梁山草甸小微湿地的主导生态功能包括生物多样性保育、水质净化、水源涵养、雨洪调控等，辅助生态功能包括局地气候调节、生物产品供给、休闲游乐、文化科教等。生物物种的多样化与生态功能的复杂性和完整性紧密相关，多样化的生境类型及物种不仅奠定了生物多样性的基础，而且其复杂的植物群落结构满足了水源涵养、水质净化等生态服务功能。此外，充分利用自然资源与人文资源，将小微湿地生态系统与场地地形地貌相结合，创造亲近自然的户外场所。根据周边居民的需求以及外部受众人群的需求，融入休闲观赏及科普宣教功能，以梁山草甸小微湿地为依托，通过展示小微湿地生态系统、多样的微地貌组合、湿地动植物群落、水质净化过程等，满足居民休闲娱乐和接受科普教育的需求。

7.2.2　设计目标

以小微湿地为湖岸空间细胞单元，建成城市居住区与双桂湖之间的多功能湖岸生态空间，营造林–草–湿一体化的生态湖岸，拓展湖岸生态空间，优化和提升湖岸带的生态服务功能。

7.3　设计技术与营建实践

7.3.1　设计技术框架

根据梁山草甸现状资源和环境条件，重点从微地形起伏度和微地貌组合两个方面，提出了梁山草甸小微湿地的设计技术框架（图7-3）。

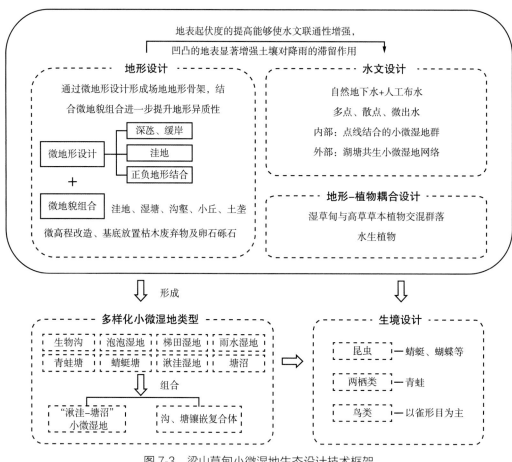

图 7-3　梁山草甸小微湿地生态设计技术框架

7.3.2　梁山草甸小微生态系统设计与实践

1）结合小微湿地营建目标，设计场地地形骨架

微地形设计是梁山草甸小微湿地设计的重要内容。结合梁山草甸小微湿地建设目标，根据场地南滨双桂湖水体、北临城市建成区居住小区的区位，基于双桂湖北岸水陆界面的污染净化、生物多样性保育、景观美化等功能需求，主要通过微地形格局营建，形成有利于小微湿地发育和自我调控为主的场地地形骨架。通过场地的地形塑造，在场地西边营建梯级塘湿地，营建若干湿地生境塘，沿场地中间的步道两侧、场地北边临近公路之处营建生物沟，在原整齐划一的草坪范围内，营建一系列泡泡小微湿地、雨水湿地等小微湿地类型（图 7-4）。

在场地地形骨架营建的基础上，将以地形塑造为基础形成的小微湿地群植入场地，形成城市居住区与双桂湖之间的多功能湖岸生态空间，营造林 – 草 – 湿一体化的生态湖岸（图 7-5）。由于有地下水微出水的补给，地形低洼之处长期积水，发育形成形态自然的小微湿地。

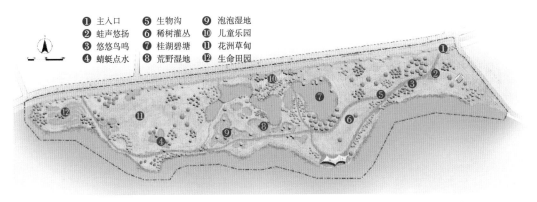

❶ 主入口　　**❺** 生物沟　　**❾** 泡泡湿地
❷ 蛙声悠扬　**❻** 稀树灌丛　**❿** 儿童乐园
❸ 悠悠鸟鸣　**❼** 桂湖碧塘　**⓫** 花洲草甸
❹ 蜻蜓点水　**❽** 荒野湿地　**⓬** 生命田园

图 7-4　梁山草甸小微湿地设计平面图

图 7-5　梁山草甸小微湿地建成后的初期

2）营建微地形起伏、多种微地貌组合的生境格局

　　小微湿地内起伏变化的地形对生境类型多样性的形成和生物多样性提升至关重要，能在有限的空间内形成高异质性环境，为各种不同的生物提供适宜的生存环境。研究表明，地表起伏度的提高，能够改变水热的二次分配，其凹凸的地表显著增强土壤对降雨的滞留。

　　微地形设计中将地表起伏设计为平坦型、凹形、凸型等几种基本类型。平坦型地表与周边高程一致，凸型地表内部高程高于外围，并由内向外呈梯级降低趋势，间接实现降低水深、给湿地植被提供不同水深的作用。凹型地表，外围高程高于内部，并由内向外呈梯级升高趋势，如深水凼，增加了局部水深的深度，也为沉水植物提供了良好生长环境。几种地形起伏及其组合变化的设计，已应用于雨水花园、生物沟、生物塘、梯级湿地塘的营建中（图 7-6）。

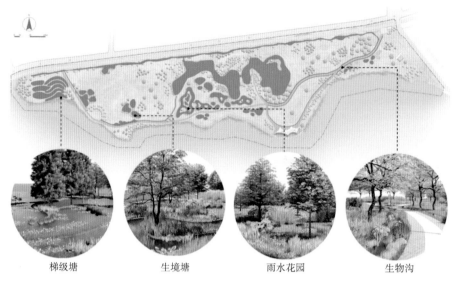

| 梯级塘 | 生境塘 | 雨水花园 | 生物沟 |

图 7-6　雨水花园、生物沟、生境塘、梯级塘等典型湿地结构

　　不同的表面覆盖物和地表微高程变化等都会使小微湿地的微地貌发生不同程度的变化，这种变化对种子萌发、地表凋落物等储存分解、土壤动物群落繁衍和微生物种群活性等都会产生影响。不同的微地貌组合能够创造出许多地表微生境和小微尺度上的水热组合，对生物群落结构和功能产生影响。梁山草甸小微湿地通过地表微高程改造、基底放置枯木废弃物及卵石砾石、配置水生植物等措施，进行微地貌组合的设计和营建。通过多种微地貌组合，形成泡泡湿地、渗水湿草甸、湿洼地、斜坡湿地等小微湿地类型（图7-7），从而丰富梁山草甸区的生境类型。

图 7-7　营建微地形起伏和微地貌组合多变的小微湿地

　　针对场地地形缓平、微微向湖倾斜、西边地形高差稍大的特点，以及场地中部和西部存在着多处地下水的出水点，且为多点、散点、微出水，出水处土壤潮湿且低洼。在原有整齐单调、种类单一的城市草坪上，进行以凹陷（负地形）和凸起（正地形）结合的地形起伏设计，将挖和堆结合，挖起的土方就地用于凸起地形的堆置，做到土石方就地平衡。

3）正负地形结合，小微湿地与小微岗丘镶嵌

　　结合梁山草甸区场地原有正负地形，将小微湿地和小微岗丘镶嵌其中（图 7-8）。小微湿地的负地形（凹陷地形）设计，决定了蓄水层水位高度以及水位变化的幅度，在设计时考虑了微气候环境以及湿地生物生长与栖息的季节性差异，根据不同场地条件确定蓄水层高度，预留 100 ~ 150 cm 的水位变动空间。正负地形塑造过程中，调整地表微高程，结合小微湿地基底表面地形，就低深挖深水凼，就高堆积小土丘，增加地表高程的微小变化，为植物与水生生物提供与平坦地不同的异质小生境。在小微湿地微地貌构建过程中，在基底表面放置废弃倒木，形成遮荫与隐蔽的空间，为小型鱼类、底栖动物提供庇护环境，枯木上附着的藻类、苔藓可以为昆虫提供丰富的食物来源。基底表面放置的卵石、砾石等材料能够形成多孔穴结构，与变化的水深一起构成好氧与厌氧微生物的生活环境。在小微湿地中配置各种湿地植物，增强水上 - 水下空间异质性，同时为水生昆虫、小型鱼类提供觅食、繁殖和避难场所，有利于形成稳定的食物网结构。

图 7-8　小微湿地正负地形交错镶嵌

4）西部营建梯田湿地，体现等高线魅力

中国是一个多山的国家，也是世界上梯田面积最大的国家。山地区域陡峭的坡度、冲刷的水流、贫瘠的土壤，不利于农作物生长。生活于中国西南山区的先民，从古至今，在年复一年的生产进程中，用他们的勤劳和智慧，顺着或平缓或陡峭的山地等高线走向，依靠简陋粗糙的农具，开启了从谷底延伸向山顶的"人工造貌运动"。沿山地等高线用石头干砌、修筑或宽或窄、或大或小、或长或短的堡坎，用泥土塑造田埂，将倾斜的山坡变为一层层平整的台田；自下而上，在陡峭的山地坡面上形成了气势如虹、奇妙壮观的梯田，将原本不适宜种植的不毛之地，改造成了人类繁衍生息的家园。梯田随着山势蜿蜒展布，依山就势，构成了井然有序的山地生命景观肌理。一块块梯田镶嵌分布在山地中，与岭、脊、沟、寨、林形成了空间异质性高的山地生态系统，生境类型多样，各种鱼类、蛙类、水生昆虫生活在梯田中，由此孕育了丰富的生物多样性。梯田是山地生物多样性保育的重要结构，林草、梯田、溪河交混构成山地立体生境网络。可以说，山地梯田湿地是千百年来，山区人民在与自然协同共生的过程中，长期积累形成的生态智慧——"山地等高线智慧"。

在城市开发建设以前，梁山草甸西部是郊区的小面积水田，由于有一定高差，呈现出梯田结构。在后来的城市绿地系统建设过程中，该处已经成为一个具有一定高差的斜坡草坪。在设计营建过程中，顺应等高线地形，以梯田形态进行地块小微湿地的设计。梯田湿地中的每一个塘的形态和大小都有差别，田埂（小微梯级湿地塘的塘基）顺着等高线延展，形成梁山草甸西边沿湖岸分布的梯级小微湿地塘群（图7-9）。

图 7-9　梁山草甸西边的梯田小微湿地

蜿蜒展布的梯级小微湿地塘交错分布，不仅呈现出优美的景观外貌，还具有良好的生态经济效益。梯级湿地塘内种植水生蔬菜、水生作物，如慈菇（*Sagittaria trifolia var. sinensis*）、菱角（*Trapa bispinosa*）、茭白（*Zizania latifolia*）。这些水生蔬菜使得梯级小微湿地塘与湿地农业、观光游憩有机融合在一起。此外，在部分梯塘田埂上，团状种植稀疏的池杉（*Taxodium distichum var. imbricatum*），形成池杉 - 梯塘小微湿地单元，丰富了该区的垂直空间结构，也形成了林 – 草 – 湿一体化的梯塘小微湿地景观（图 7-10）。

图 7-10　林 – 草 – 湿一体化的梯塘小微湿地

5）东部沟、塘镶嵌，构建点、线结合的小微湿地群

梁山草甸东部所滨临的双桂湖，荇菜生长繁茂，形成大面积荇菜床。沿湖岸建设了供市民游憩的木质步道，草甸的北边与滨湖公路相邻。该区的小微湿地建设，不仅要考虑游客的观赏和科普教育需求，而且要发挥地表径流的污染净化、生物多样性保育等生态功能。梁山草甸东部地形整体较为平缓，设计要点是以沟、塘镶嵌，构建点、线结合的小微湿地群（图 7-11）。沿木质步道两侧营建贯通的生物沟，生物沟两侧交错分布各种大小、形态的湿地塘，形成点、线结合的小微湿地群，形成了多样化的小微生境类型。

生物沟主要沿步道两侧及滨湖公路南边布置。作为一种线性湿地生态工程措施与雨洪管理技术手段，生态功能与效益应作为其首要考虑的设计目标。其作为道路上散排的地表径流的第一级拦截措施，可以缓解降雨时道路排水压力、防止污染物直接进入双桂湖。经初步净化之后，生物沟将蓄存的水传输至小微湿地塘，作为补充水源。

生物沟是梁山草甸小微湿地群内各小微湿地类型（如湿地塘、湿洼地、渐洼湿地等）之间的线性连通结构（图 7-12）。生物沟的平均宽度为 80 ~ 100 cm，平均深度为 30 ~ 50 cm，生物沟的岸坡坡度为 30% ~ 40%，呈碟形凹陷浅沟。

图 7-11 梁山草甸东部点、线结合的小微湿地群

（a）　　　　　　　　　　　　　（b）

（c）　　　　　　　　　　　　　（d）

图 7-12 梁山草甸东部各种类型及大小的生物沟

在梁山草甸东部，主要的小微湿地类型是各种不同大小和形态的生物塘（图7-13）。这些生物塘为了容纳丰富的生物种类，需要因地制宜地设计丰富的微地形组合，维持环境空间异质性，形成多样化的生境类型。生物塘面积约为 10 ~ 30 m²，深度约 30 ~ 50 cm。由于大部分生物塘面积较小，无法形成具有较大宽度的平缓岸坡，因此坡度设计在 15% ~ 30%，以形成具有一定宽度、相对平缓的岸坡。

图 7-13　梁山草甸东部形态各异、大小不同的生物塘

生物塘底部设计为具有起伏变化的微地形（图7-14），同时，对于面积稍大的生物塘，其底部可深挖形成深度为 60 ~ 80 cm 的深凼。同时，在部分生物塘通过抛置倒木和石块，为水生昆虫、底栖动物等提供多样的栖息环境（图7-15）。

6）中部基于自然，形成湫洼 – 塘沼为主的城市野境

梁山草甸中部实施修复前，原地势平缓，场地内植物种类贫乏，以狗牙根（*Cynodon dactylon*）、结缕草（*Zoysia japonica*）等草坪草为群落优势种，鬼针草（*Bidens pilosa*）、喜旱莲子草（*Alternanthera philoxeroides*）、小蓬草（*Erigeron canadensis*）等入侵植物较多。草坪退化严重、景观品质差，生态系统服务水平低下。

调查发现该处场地有多点地下水出水，根据这一特点，在该区域设计湫洼 – 塘沼小微湿地与野花草甸相结合的生境复合体，在场地北部边缘和内部保留大面积具有地

下水出水供给的区域，使其自然野化。

图 7-14　生物塘底部具有起伏变化的微地形

图 7-15　生物塘内抛置倒木形成多样化的微生境

　　遵循场地空间梯度上的生境变化与连续性，构建了宽度、深度、坡度变化丰富的洼地、湿塘、沟槽、小丘、土垄等地形组合（图 7-16），产生多样化的水热组合。设计营建了以"湫洼－塘沼"为主的小微湿地群（图 7-17），复杂性与连续性并重的微地形设计，有利于引导植物借助水文流及动物媒介在场地内外扩繁，形成自我设计与维持的再野化植被。

图 7-16　双桂湖北岸梁山草甸由微地形塑造形成的小微湿地群（余先怀拍摄）

图 7-17　双桂湖北岸梁山草甸"湫洼－塘沼"小微湿地

　　梁山草甸中部基于场地自然条件，塑造以湫洼－塘沼湿地与矮草和高草草丛镶嵌分布的城市野境（图 7-18）。

　　设计中根据场地地形与原有湫洼湿地的情况，进行洼地地形的塑造，对于自然形成的、能够自发存蓄水分的湫洼湿地，其基底结构可以保留自然状态；对于人工营建的湫洼湿地则需要进行基底构造处理，其基底构造与生物沟相似。湫洼湿地的开挖深度为 30 ~ 60 cm，根据所处位置的汇水情况设置其不同深度、规模，在汇水条件好、地下水出露较多的位置设置较大型湫洼，在汇水条件较差、地下水出露少的位置设置小型湫洼。湫洼湿地的水源来自地下水自然出露，以及人工补水（图 7-19）。在雨量充沛的季节，大气降水经由土壤自然下渗形成地下水，并随坡度汇集向固定方向，最终在坡脚从土壤中渗出；在干旱季节，给水管连接湫洼侧壁和底部的微管，从湫洼侧边与底部多点渗出补水，与地下水向湫洼湿地渗透的方式类似，实现在干旱季节对湫洼内部生境湿度的保持。湫洼内的植物以自生的挺水植物为主。湫洼湿地一方面能够对大气降水进行截留与蓄积，另一方面能够吸纳地下水出水，具有显著的水源涵养功能。由于湫洼湿地中水流速度缓慢，有明显的沉淀作用，湿地植物的根系能够吸附水中的污染物，净化水质。此外，湫洼湿地的基底构造能够对下渗的水进行过滤，实现净化功能。

图 7-18　双桂湖北岸梁山草甸小微湿地群与草甸形成的城市野境

图 7-19　梁山草甸区地下水出露形成的湫洼湿地

塘沼作为梁山草甸区的小微湿地结构单元，在水源涵养、水质净化及生物多样性保育方面发挥了重要作用。塘沼的平均深度为 20 ~ 50 cm，形成面积宽缓的洼地区域，在其内部，以微地貌组合的方式，形成分散分布的一个个面积微小的微丘。塘沼的营建主要以微地形塑造和微地貌组合为主，满足地形条件和水源保障，不进行植物的人工种植，以适应水湿梯度条件的自生植物生长为主。地形营建完成后，随着时间的推移，各种湿地植物（包括各种不同植株高度的挺水植物、湿生植物、沉水植物等）着生在不同的塘沼生境中，自然发育生长的香蒲（*Typha orientalis*）、灯心草（*Juncus effusus*）与圆叶节节菜（*Rotala rotundifolia*）形成具有丰富层次的湿地植物群落。塘沼中微丘上自然生长的湿生植物以及丛状生长的灯心草等（图 7-20），呈现出野趣浓厚的塘沼景观。

图 7-20　双桂湖北岸梁山草甸的微丘与塘沼形成自然野趣的小微湿地组合

场地北部边缘和内部保留了大面积具有地下水出水供给的区域，该区域在自然发育的过程中，经历着明显的自然野化过程。从最初分布的大面积白茅等草本群落，随着地下水逐渐浸润的影响，场地地形在发生缓慢的下凹变化，问荆（*Equisetum arvense*）、芦苇（*Phragmites australis*）、香蒲等植物在其内丛状生长，形成一片自然野化的湿草甸与高草草本植物交混的群落（图 7-21），并提供了良好的生境条件，雀形目鸟类数量明显增多。

7）与湖连通，维持水文循环，形成小微湿地网络

沿湖岸、道路分布着雨水花园、生物沟、青蛙塘、蜻蜓塘、潄洼湿地、塘沼、泡泡湿地等多种类型的小微湿地，各小微湿地单元通过线性小微湿地实现水文和生态上的有机联系，形成小微湿地网络（图 7-22）。场地内深水塘、浅水塘、梯级塘、生物

沟、生物洼地等小微湿地类型相互连通形成小微湿地网络，并最终与双桂湖湖水连通，所有水体经各类湿地塘渗透、过滤、净化后最终通过地下暗沟排入双桂湖，形成湖塘共生体系。

图 7-21　梁山草甸自然野化的湿草甸与高草草本植物交混的群落

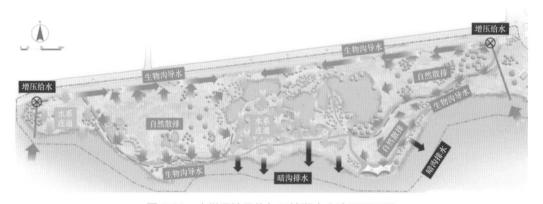

图 7-22　小微湿地网络与双桂湖水文连通平面图

针对场地存在的路面积水及水循环系统未形成等问题，通过优化场地内部的水系连通、给排水设计，在场地两端设置抽水泵增压，从双桂湖抽水至旱溪，作为场地水系水源供给。小微湿地网络与双桂湖实现了水文连通，道路径流的雨水通过生物沟初步净化，进入生境塘层层净化，再进入湖泊水体。雨水沿场地高程散排至生物沟汇集，并沿生物沟汇入邻近深水塘或浅水塘（图 7-23）。生物沟导水至深水塘，双桂湖湖水经抽水泵进入场地外缘生物沟，通过生物沟高程变化由两端往中心导水，最终汇入深水塘。分布于梁山草甸的雨水花园、湫洼湿地、塘沼、泡泡湿地等小微湿地类型，通过地上、地下的线性连通结构，形成水文和生态连通性良好的小微湿地群（图 7-24），并最终与双桂湖形成良好的水文连通（图 7-25）。这些小微湿地群汇聚并吸收地面的雨水，通过植物、底质的综合作用使雨水得到净化，逐渐渗入土壤，涵养地下水。

图 7-23　梁山草甸的小微湿地通过生物沟及地下暗沟实现水文连通

（a）　　　　　　　　　　　　　　　（b）

（c）　　　　　　　　　　　　　　　（d）

图 7-24　梁山草甸水文连通良好的小微湿地群

图 7-25　梁山草甸小微湿地群与双桂湖形成良好的水文连通

结构丰富的小微湿地为野生动植物及微生物提供了生存繁育空间，为野生植物提供了良好的生长环境，为鸟类、鱼类提供了丰富的食物和良好的繁衍庇护场所，对野生动植物的物种保存发挥着积极的作用，同时发挥着净化水质、蓄积雨水、调节局地气候、增加民众亲水空间、科普宣教等重要功能。

8）林 – 草 – 湿协同，地形 – 植物耦合，形成多样生境

区域的生境异质性和植被覆盖度是影响生物多样性的重要因素。空间异质性程度越高、植被覆盖度越高，意味着具有更多的小生境和微气候条件，可以为不同生物提供更为多样化的生存环境。通过在场地适当种植具有不同高度和生活型的乔木、灌木、草本植物，并将乔-灌-草与小微湿地形成空间镶嵌，形成层次分明的植物群落和林–草–湿一体化的生态空间。在设计营建中，将植物设计结合微地形塑造，进行地形 – 植物耦合设计，营建具有栖居、庇护、觅食、繁殖等多功能生境，从而进一步丰富和提升场地的生物多样性。

地形 – 植物相耦合，设计营建动物生境，尤其是蜻蜓生境、蝴蝶生境和青蛙生境。蜻蜓塘的池底设计了深度梯度，以适应蜻蜓从卵、若虫到成虫的各个阶段觅食和栖息需求。种植沉水植物，为蜻蜓若虫提供水下生境结构；以灯心草等挺水植物，为蜻蜓成虫提供水面的栖息环境；且蜻蜓将卵产于这些挺水植物的茎干上。水边的少量灌木，增加了蜻蜓及其他昆虫栖息的空间（图 7-26）。

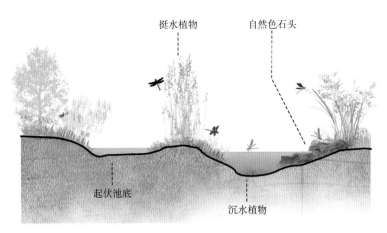

挺水植物　　　自然色石头

起伏池底

沉水植物

图 7-26　小微湿地蜻蜓生境设计

青蛙塘设置在接近湿地塘群的区域，其具有平缓的边缘，保证幼蛙栖息处不会离水源太远。由于蝌蚪生活于静水环境，因此青蛙塘在旱季保持水位恒定，水深维持在 10 ~ 20 cm。成蛙白天藏匿于水域旁洞穴或登陆于水岸泥洞和草丛间，因此沿池塘边岸放置块石和倒木，池中的挺水植物以及毗邻的灌丛和高草草甸，成为青蛙整个生活史阶段的良好生境（图 7-27）。

幼蛙栖息地不会远离水源

蝌蚪生活于静止水域中

水深 10 ~ 20 cm

成蛙白天藏匿于水域旁边洞穴
或登陆于水岸泥洞和草丛间

图 7-27　小微湿地青蛙生境设计

梁山草甸小微湿地与野花草甸镶嵌交错，也是蝴蝶的优良生境（图 7-28）。在为蝴蝶专门设计的生境中，场地稀疏种植蝴蝶的寄主植物及蜜源植物，且与小微湿地形成复合生境结构，为蝴蝶提供多样化的生境（图 7-29）。

为提高场地的生物多样性，进行地形 - 植物耦合设计，为众多的昆虫提供栖息生境、蜜粉源，以吸引不同种类的昆虫。此外，将废弃木块、竹棍、砖头、瓦片等材料填充于立体空间内，营建“昆虫旅馆”，为蜜蜂、甲虫等昆虫提供栖息和庇护场所（图 7-30）。

地形－植物耦合设计，是生态工程的重要手段，是生物多样性保育和提升的重要途径。丰富的生物多样性和生命景观，不仅是科普教育的优良载体，也是人民群众共享的优良绿意空间。

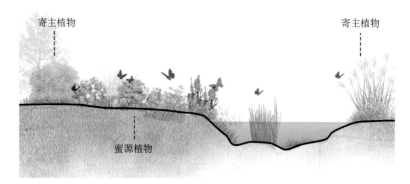

图 7-28　小微湿地蝴蝶生境设计

图 7-29　梁山草甸寄主植物及蜜源植物与小微湿地形成的复合生境结构

图 7-30　梁山草甸与小微湿地相结合的"昆虫旅馆"

7.4　效益评估

7.4.1　生态环境效益

通过对场地进行微地形塑造和微地貌组合营建，建设了雨水花园、生境塘、生物沟、揪洼湿地、塘沼、雨水湿地、湿洼地等小微湿地结构，丰富了生物的栖息空间，为动植物生长、繁衍提供适宜场所。通过地形 – 植物耦合设计，形成了多样性丰富、多物种协同的共生系统。调查表明，修复后的梁山草甸区内，生境类型多样（图 7-31），自生植物发育良好（图 7-32），小微湿地群的植物种类增加，鸟类多样性增加（图 7-33），生物多样性提升效果明显，有 28 种蜻蜓分布。据统计，双桂湖北岸梁山草甸小微湿地群内共有维管植物 161 种，隶属 68 科 161 属，以禾本科（Gramineae）、菊科（Compositae）、莎草科（Cyperaceae）、豆科（Leguminosae）、蔷薇科（Rosaceae）为优势科；梁山草甸小微湿地内有湿地植物 80 种，其中沉水植物 3 种，漂浮植物 1 种，浮叶根生植物 3 种，挺水植物 27 种，湿生植物 46 种，沉水、漂浮、浮叶、挺水和湿生植物分别占湿地植物总数的 3%、1%、3%、34% 和 59%。种类丰富的动植物，与梁山草甸的地形、水文要素一起，共同构成了双桂湖北岸的小微生命景观。

图 7-31　梁山草甸生境多样的小微湿地

图 7-32　梁山草甸小微湿地的圆叶节节菜等自生植物发育良好

图 7-33　梁山草甸小微湿地成为鸟类优良的栖息场所

通过场地内小微湿地群的水系连通，构建流动水系，从而确保水中溶氧充足，进而抑制藻类及细菌的繁殖，使得洁净的水质得以保持，金鱼藻（*Ceratophyllum demersum*）、黑藻（*Hydrilla verticillata*）及苦草（*Vallisneria natans*）等沉水植物生长良好，增强了小微湿地群的水质净化功能（图 7-34）。

图 7-34　小微湿地水质清澈

7.4.2　社会效益

梁山草甸小微湿地景观效果良好，目前呈现的景观和自然野趣不仅为各种生物提供了栖息生境，同时也是市民休闲游憩的场所（图 7-35）。不同种类的小微湿地类型更是丰富了双桂湖国家湿地公园的湿地景观资源。双桂湖入选了 2021 年首届重庆市生态修复十大案例，为生态旅游业的发展提供了良好的景观资源，吸引了大量的游客（图 7-36）。

图 7-35　梁山草甸小微湿地为市民提供休闲游憩空间

图 7-36　梁山草甸小微湿地美景吸引了大量游客

7.5　总结

　　梁山草甸小微湿地的设计和营建，是小微湿地结合微地形设计的创新探索。微地形设计关注了地形对环境系统及生物要素的影响，通过地形塑造增强了作为湖岸生态系统重要结构单元的小微湿地的生态服务功能（图 7-37）。建成后的梁山草甸小微湿地群，各种不同类型小微湿地之间、各生物类群与环境因子之间，协同共生，已构成稳定的小微湿地生态系统，发挥了良好的净化污染、调节微气候、提供生物栖息地等多种生态服务功能。针对梁山草甸北临城市居住区，小微湿地群的设计，无论是景观层次，还是植物种类的多样化，都成了城市居民休闲游憩的优良生态空间（图 7-38），进而促进了当地社会经济的持续发展。

　　在不同时空尺度上，微地形对梁山草甸小微湿地产生了多方面影响，微地形塑造和微地貌组合营建已经成为小微湿地建设的重要生态工程措施。在今后的研究中，需进一步开展深入、系统的试验设计，明确与微地形相关的关键生态过程及调控机理，科学评估不同微地形的长期生态环境效应，科学合理地优化和改造微地形，奠定小微湿地的地形基础。不同时空尺度下，微地形与小微湿地的关系及其调控机理，是未来的重要研究方向。

图 7-37　梁山草甸小微湿地是湖岸带生态系统重要结构单元

图 7-38　梁山草甸小微湿地是城市居民休闲游憩的优良生态空间

第 8 章

生境网络营建
——丘区湖岸小微湿地生命网络

湖泊湿地是城市生态系统的重要组成部分，是镶嵌于城市建成区硬质基底中的生态斑块，在城市区域中具有重要的生态服务功能。湖岸带作为湖泊生态系统的重要生态界面，是湖泊与其周围环境间进行物质循环和能量流动的重要界面，是连接水生生态系统和陆生生态系统的生态过渡带。湖岸生态空间的设计对于湖泊生态系统健康维持至关重要。但随着城市化进程的快速推进，人们对湖岸及其周边土地资源的利用和开发强度不断加大，且湖岸周边多为人口稠密、经济发达的高强度经济活动区，易受到人类生产生活活动的干扰和破坏，从而对湖岸生态系统健康产生严重影响。

小微湿地在自然湖岸空间中广泛存在，能够增加湖岸生境的多样性和复杂性，为众多动植物提供生存繁育空间。湖岸小微湿地不是孤立存在的，各种不同类型的小微湿地相互关联，并且通过各种线性湿地结构与湖泊相联系。在湖岸生态空间营建中，除了设计建设各种类型的小微湿地外，如何将小微湿地连通成网，形成富有生机的湖岸生命网络，需要我们了解小微湿地网络的空间结构，以及小微湿地网络的生态功能与过程。在湖岸空间进行小微湿地网络营建，可发挥生物多样性保育、水源涵养、景观美化等生态功能，为湖岸生态系统设计和生态服务功能优化提供新的方法和路径。

重庆市梁平区双桂湖湖岸带是湖泊水体与城市空间的生态界面，也是梁平区山、水、林、田、湖、草、城空间的耦合中心。双桂湖西岸原本是严重退化的公园草坪与撂荒低产农田（图8-1），针对湖岸生物多样性和生态服务功能急剧下降问题，构建与完善湖岸小微湿地生命网络，优化双桂湖岸生态系统的结构与功能，使双桂湖岸成为高价值生态系统服务的可持续公共空间。

图8-1　双桂湖西岸小微湿地建设前环境状况

本章以梁平区双桂湖国家湿地公园西岸为例，应用界面生态学理论和湿地生态工程方法，以梯塘小微湿地为核心，营建多种小微湿地类型，构建立体多维的湖岸小微湿地网络，并将湿地要素与林、草有机结合，形成林－草－湿一体化复合生态系统。在小微湿地群的营建中，注重多功能生境设计，使湖岸成为多种生物的栖息乐园，通过小微湿地生态工程的实施，实现湖岸的新生。

8.1　研究区概况

研究区域位于重庆市梁平区双桂湖国家湿地公园西岸（图 8-2），作为城市湖泊，双桂湖的北面为城市建成区，南部与农田相连，从南部的湖岸经过农田区域，逐渐过渡到高梁山山地生态系统。小微湿地建设前，双桂湖西岸形态生硬凌乱，部分区域是低产低效的农田，其余区域多为单调的城市草坪，植物种类贫乏，群落结构单一。多年来的人工养殖造成湖岸水体污染，该区域生物多样性、生态服务功能严重衰退。

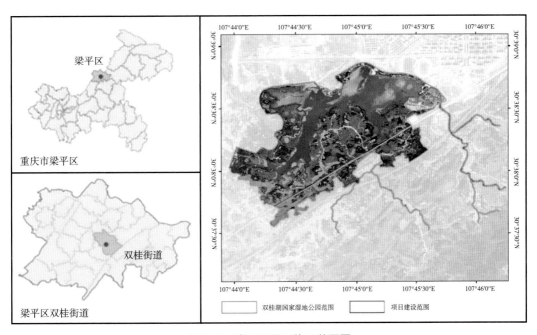

图 8-2　建设项目区位及范围图

双桂湖西岸整体地势较为平缓，从湖岸高地到湖岸前沿，呈缓坡下降。本设计基于原有缓坡水岸、凌乱的低质农田和单一城市草坪的环境现状，以小微湿地作为湖岸生态修复的抓手和重要生态单元，以梯塘小微湿地为主，结合生物沟、湿地多塘、生物洼地等多种小微湿地类型，将原有形态单一、功能低下的湖岸转变为生境类型多样、生物多样性丰富的生机湖岸。研究项目占地面积为 11.2 hm²，于 2019 年进行设计，2020 年完成施工营建。

8.2　策略与目标

8.2.1　设计策略

在湖岸带生态修复中，不仅要考虑各种类型小微湿地的营建，将小微湿地作为湖岸带的生态单元，针对湖岸带生态服务功能的优化，建设湖岸小微湿地群。更为重要的是，注重将各类型小微湿地连通成网。结合丘区湖岸的资源本底及生态特征，提出丘区湖岸小微湿地网络的 OTRDS 设计策略。

1）整体性设计策略（Overall Design Strategy）

遵循"山水林田湖草"生命共同体理念，采用整体性设计策略，综合协调湖岸各要素的空间布局、结构关联和功能联系，从湖岸生态系统整体结构和功能方面进行综合设计考量，全面优化提升湖岸带生态系统服务功能。

2）立体多维设计策略（Three-dimensional Design Strategy）

湖岸带是充满生机的多维立体空间，遵循从水体到陆地的高程梯度变化，顺应地形，借鉴西南山地传统生态智慧，实现从湖泊水体→湖岸带→湖岸高地的生态梯度变化，重建多空间维度、多景观层次、多生态序列的湖岸带景观。

3）韧性设计策略（Resilience Design Strategy）

城市区域的湖岸带属于水敏性区域，受到气候变化、水位变动、人类活动等多重干扰。韧性设计策略强调场地作为整体系统对外部不利干扰的抵御能力，双桂湖西岸的韧性设计体现在运用韧性材料、韧性设计技术、韧性施工工法，并通过小微湿地网络的营建，使湖岸整体形成韧性结构，以有效抵御外界环境和人类活动的干扰。

4）多样性设计策略（Diversity Design Strategy）

结合原生地形，设计引入多类型、多尺度的小微湿地要素，并结合植被、水文等要素，形成多功能小微湿地生境斑块，为提升生物多样性提供基础。

5）自然的自我设计策略（Self-design Strategy with Nature）

建立具有自组织、自我维持以及自我设计能力的生态系统，尊重自然生态过程，运用乡土植物，在空间设计上给湖岸带适当留白，给自然做功预留空间，充分发挥自然的自我设计能力。

8.2.2　设计目标

建设多种小微湿地类型相互关联的湖岸小微湿地生命网络，构建以湖岸多功能小微湿地为核心的"沟－渠－田－塘－湖"湿地生命网络，营建湖岸"林－草－湿"复合生境格局，建设韧性生命湖岸样板，提升湖岸生物多样性，实现城市湖岸的新生。

8.3　设计技术与营建实践

8.3.1　设计技术框架

基于场地本底条件和小微湿地设计目标，从环湖立体小微湿地网络构建、"林－草－湿"复合生境格局营建、"沟－渠－田－塘－湖"湿地生态网络设计三方面，提出湖岸小微湿地生态网络的设计技术框架（图 8-3）。

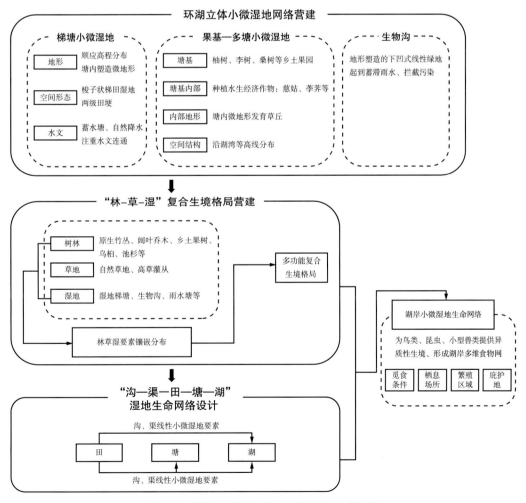

图 8-3　湖岸小微湿地生态网络设计技术框架

8.3.2 营建实践

1）多功能小微湿地群建设

　　湖岸带作为湖泊水体与城市之间的生态交错带，是整个流域生态系统中非常重要的动态转换中心和关键空间界面，因此湖岸生态空间的设计对于湖泊生态系统健康的维持是流域可持续管理的关键。传统上对于湖岸空间的设计强调休闲游憩功能，强调植树种草。为发挥湖岸的地表径流拦截净化、生物多样性保育、局地气候调节、雨洪管控、湖岸碳汇、休闲游憩及人居环境质量优化等功能，根据双桂湖湖岸带生态本底及资源条件，针对湖岸生态保护与利用的目标需求，在保留和优化原有湖岸林、草结构的基础上，重点以小微湿地进行湖岸生态空间的优化。通过在双桂湖湖岸营建湿地塘、梯级塘、湫洼、生物沟、生物洼地、雨水湿地等多种类型的小微湿地（图8-4），进行组成要素和空间结构的扩展，使湖岸空间呈现出更加优美的景观，具有更优质的生态服务功能。

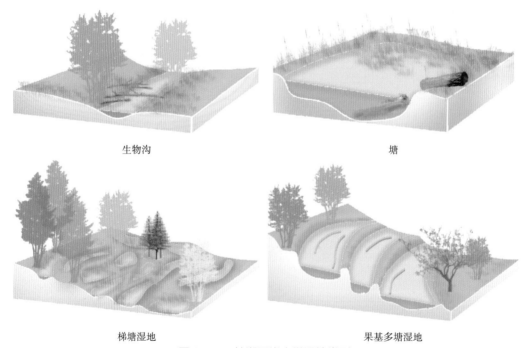

生物沟　　　　　　　　　　　　　　　　塘

梯塘湿地　　　　　　　　　　　　　果基多塘湿地

图 8-4　双桂湖西岸小微湿地类型

　　（1）梯塘小微湿地

　　梯塘小微湿地位于双桂湖西岸，在双桂湖国家湿地公园的恢复重建区内，面积为4.63 hm^2。该区域呈缓坡下降，前沿最低高程453.49 m，梯塘小微湿地的最高处高程为462.13 m，海拔高差8.64 m。梯塘小微湿地所在区域原场地为废弃的农耕地，包括水田和旱地，农田肌理凌乱，处于弃耕状态。在保留原有缓坡水岸和水田形态的基础上，提出以顺应海拔高程梯度变化的梯塘小微湿地进行湖岸生态空间的设计和营建（图 8-5）。

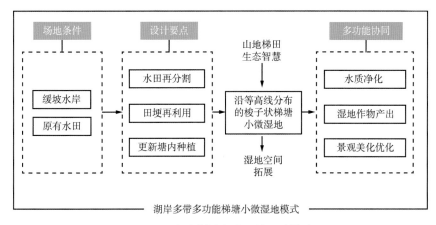

图 8-5　湖岸梯塘小微湿地设计模式

湖岸梯塘小微湿地顺应原有地形条件，利用其已有的缓坡水岸和水田形态，将位于缓坡水岸上原有大块水田进行再分割，形成 81 个梯级塘（图 8-6）。分割之后，对梯塘进行再设计，使塘的基本形态呈梭子形，梯塘的水深 30 ～ 50 cm，再对每个梯塘进行底质和地形设计，使其具有一定的地形起伏。在每个梯塘内部挖掘小型深水凼，深度为 60 ～ 80 cm，满足水生昆虫和小型鱼类的栖息和庇护需求，同时也使其成为干旱季节重要的储水结构。每个塘之间通过明沟或暗沟进行有机连接，沿等高线分布，营建成沿湖岸高程分布的梯塘小微湿地。借鉴云南省元阳梯田和贵州省加榜梯田的梯田形态和山地等高线智慧，沿西岸高程梯度，进行 81 个梯塘的空间结构布局。

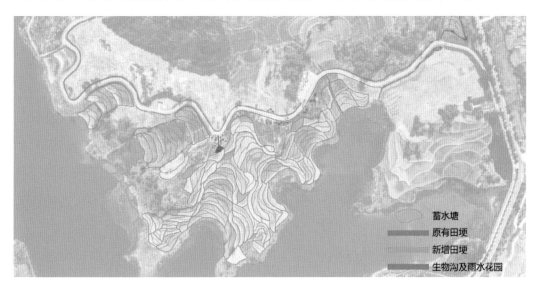

图 8-6　湖岸梯塘小微湿地营建平面图

湖岸梯塘小微湿地的地表径流主要来源为自然降雨，从西岸高程较高处流向双桂湖，自然地形等高线凹陷处形成汇水线，汇集场地地表径流，并接受邻近道路的自然散排排水。为满足干旱时节的水源需求，在梯塘系统内部布设了6个蓄水深塘。地表径流在经过梯塘小微湿地净化后再汇入双桂湖（图8-7）。

图8-7　湖岸梯塘小微湿地与双桂湖相连

双桂湖西岸梯塘小微湿地的塘基宽度平均为80 ~ 100 cm，不栽种任何植物，以自生草本植物的发育生长为主。在局部节点（塘基交汇节点）上保留原有的柚树（*Citrus maxima*）及单棵种植乌桕（*Triadica sebifera*）等乔木，提供场地遮荫，丰富群落结构及景观层次。

在梯塘小微湿地的塘内，种植的植物包括沉水植物、浮水植物、挺水植物，浮水植物以覆盖水面面积不超过1/3为宜。三类生活型的湿地植物配置，除了考虑水质净化、提供生物生境及观赏价值外，主要筛选了具有食用价值的水生蔬菜（图8-8），如菱角（*Trapa bispinosa*）、茭白（*Zizania latifolia*）、水芹（*Oenanthe javanica*）、慈姑（*Sagittaria trifolia var. sinensis*）、荸荠（*Eleocharis dulcis*）等，以及可用于工艺品和编织品原材料的湿地植物，如香蒲、水葱、灯心草等。沉水植物的植株和浮水植物、挺水植物的茎形成复杂的水下生态空间，为鱼类、水生昆虫提供优良的栖息生境。

（2）湖湾果基 – 多塘小微湿地

果基 – 多塘小微湿地位于双桂湖西岸，在双桂湖国家湿地公园的恢复重建区内，面积为2.0 hm²。该区域呈缓坡下降，前沿最低高程为453.7 m，最高处高程为459.1 m，海拔高差5.4 m。果基 – 多塘小微湿地所在区域原场地为废弃水田，场地杂乱，水质较差，植物生长状况较差，有粉绿狐尾藻（*Myriophyllum aquaticum*）、福寿螺（*Pomacea canaliculata*）等外来有害物种分布，景观品质差，生态服务功能低下。

图 8-8　双桂湖西岸梯塘小微湿地中的水生蔬菜

根据原场地水田田埂及周边分布有柚、李（*Prunus salicina*）、桑树（*Morus alba*）等果木的现状，基于为鸟类提供食物资源、庇护场所及优化湖湾景观品质的目标需求，提出果基 – 多塘小微湿地的设计模式（图 8-9）。

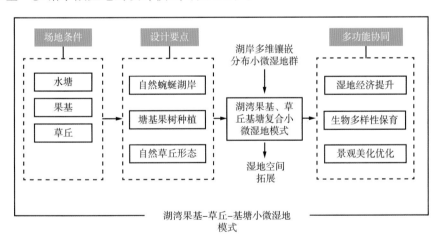

图 8-9　湖湾果基 – 多塘小微湿地设计模式

湖湾果基 – 多塘小微湿地位于双桂湖西岸湖湾的岸带上。保留塘基上原有的柚、李和桑，在多塘小微湿地周边稀疏补植柚和部分桃树，与场地自然分布的阔叶树、高草草本植物形成围合多塘湿地的植物群落（图 8-10）。沿等高线分布 4 ~ 5 级湿地塘，这些湿地塘是在原有水田肌理上进行优化整理，对塘内地形进行起伏塑造，在深挖塘底的同时，保留稀疏散布的土垛。每个土垛呈不规则形状，土垛上任其自生植物发育生长，形成湿地塘中的草丘结构（图 8-11）。湿地塘中草丘上的自生植物群落，在不同季节呈现出不同的季节性外貌，增添了小微湿地的季相色彩。

图 8-10　围合多塘小微湿地的林 − 草群落

（a）　　　　　　　　　　　　　　　　（b）

（c）

图 8-11　湖湾果基 − 多塘小微湿地 [（a）为基上的柚树，（b）、（c）为基上的李树]

果基－多塘小微湿地是一种独特的小微湿地形态，形成了以果树为主的"林－草－湿"复合生境结构。梁平被誉为柚子之乡，多塘湿地上的柚树体现了乡土特色，也为鸟类提供了优良食物（图 8-12）。果基围合的多塘小微湿地，不仅景观形态优美，而且湿地塘周围多层次的林－草群落为鸟类提供了优良的觅食条件和庇护条件。

图 8-12　小微湿地塘基上的柚树

（3）支沟汇口小微湿地

选择双桂湖北岸与西岸交界区域的支沟汇入口，顺应喇叭口地形，在具有一定高差的汇口进行小微湿地群的营建。以塘、湿洼地及生物沟等小微湿地类型，组合形成支沟汇口小微湿地群（图 8-13）。塘内少量栽种黄花鸢尾（*Iris wilsonii*）等湿地植物，

图 8-13　双桂湖西岸支沟汇口小微湿地群

大多数湿地植物及塘基上的植物基本是自生植物（图 8-14），与支沟汇口周边的乔灌木构成完整的"林 – 草 – 湿"一体化结构（图 8-15），发挥其对支沟汇水的拦截、净化作用以及生物多样性保育、提升功能。

（a）　　　　　　　　　　　　　　　（b）

图 8-14　双桂湖西岸支沟汇口小微湿地群自生植物发育良好

图 8-15　双桂湖西岸支沟汇口"林 – 草 – 湿"一体化的小微湿地结构

（4）生物沟

生物沟是一种通过地形塑造形成的下凹式线性小微湿地，是横截面呈浅碟形的线性沟道（图 8-16）。生物沟的功能主要是接纳硬质道路、停车场的地表雨水径流，对其进行净化、蓄滞及下渗。作为线性生态走廊，生物沟也具有输水、生态连通等功能，是小微湿地网络的重要连通结构。

双桂湖西岸的生物沟除了主要分布在滨湖道路两侧外，在各类小微湿地之间也多有分布，起着重要的生态连通作用。双桂湖西岸的生物沟分为两类：

图 8-16　浅碟形线性小微湿地——生物沟

①植草沟：是在原绿地系统草坪的基础上，开挖成线性的浅碟形洼地，其上仍覆盖原草坪的草本植物，与背景草坪一致，随着时间延长，会有一些耐湿的植物自然生长（图 8-17）。植草沟可收集、输送和排放径流雨水，并具有雨水净化、蓄滞和下渗作用，具有建设及维护费用低，与背景植被融合性好的优点。植草沟具有结构简单、造价低、适用性广、渗透力强、过滤性强、景观生态效果好、排水汇水能力强等特点，对于解决城市内涝、径流污染等环境问题有积极意义。

图 8-17　双桂湖西岸的植草沟

②复合植物群落生物沟：在开挖的碟形浅沟内，种植石菖蒲（*Acorus gramineus*）

等湿生植物和耐水的小灌木，形成植物组合（图 8-18）。在生物沟的一些节点上采取面状膨胀的方法，形成节点上的滞流结构。局部沟段可用石块或倒木堆置（图 8-19），用于发挥保护以及降低流速等功能。

图 8-18　双桂湖西岸生长有石菖蒲的生物沟

图 8-19　双桂湖西岸放置倒木的生物沟

生物沟建成后，随着生物沟中水的浸润，土壤种子库萌发及植物种子的传播，使生物沟内发育了很多自生湿生草本植物（图 8-20）。此外，生物沟与周边的小微湿地形成双桂湖西岸景观形态优美的小微湿地组合（图 8-21）。

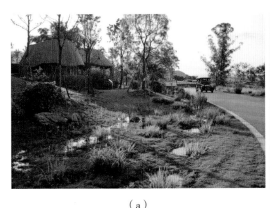

（a）　　　　　　　　　　　　　（b）

图 8-20　双桂湖西岸道路两侧的生物沟

（a）　　　　　　　　　　　　　（b）

图 8-21　双桂湖西岸道路两侧的生物沟与其他小微湿地组合形成优美的湿地景观

2）"林 – 草 – 湿"复合生境格局营建

基于"山水林田湖草"生命共同体理念，将林地、草地和湿地作为生态系统中最具生命力的要素，进行耦合协同设计。"林 – 草 – 湿"三要素相互依存，密不可分。"林 – 草 – 湿"一体化在垂直空间和水平方向上的有序结构，以及要素之间的高效协同效应，形成了一个立体多维的优良生态复合体。双桂湖西岸生态修复的目标是建设一个生物多样性丰富、生态服务功能优良和景观优美的湖岸生态系统，以小微湿地作为重要抓手和细胞单元，将生态系统中最为重要的林、草、湿要素，进行耦合协同设计。

"林"是生态系统中最富有生命力的要素。由木本植物组成的高大群落，结构层次复杂，生物多样性丰富，为整个系统提供生物量的支撑，也为鸟类、昆虫等野生动物提供栖息、庇护的重要场所。"草"属于生态系统中比林低矮的层次，是生态系统中蜜蜂、蝴蝶、甲虫等许多关键种所依赖的蜜粉源提供者。在自然界，草本植物的种类多种多样，包括野生草本花卉和自生草本植物。林 – 草构成生态系统中最复杂的层次，是最具有生命力的部分，也是生态系统中最重要的物种源泉。在生态系统中，"湿地"

发挥着物种保育、调节气候、净化污染等重要生态服务功能。"林－草－湿"一体化的有机协同，使得整个双桂湖西岸的湖岸结构更为复杂，生态系统稳定运行，有效充当城市陆地与湖泊水域之间的生态缓冲界面。

在双桂湖西岸生态系统设计中，通过"林－草－湿"的有机协同，从草本植物、灌木到乔木，营建立体多层结构，与湿地生态系统耦合，有效提升湖岸生态系统的生态服务功能。

双桂湖西岸"林－草－湿"的协同设计包括：

①保留场地内原有的竹林、阔叶树片林和塘基上的柚等果林（图8-22，图8-23），在梯塘小微湿地的塘基上以及西岸半岛嘴前沿稀疏种植乌桕、池杉（*Taxodium distichum var. imbricatum*），形成前沿草滩上的稀树林泽（图8-24）。

图 8-22　双桂湖西岸保留的林地斑块

图 8-23　双桂湖西岸"林－草－湿"景观背景中的林岛

图 8-24　双桂湖西岸半岛前沿草滩上的稀树林泽

②草地包括自然萌生的低草群落和镶嵌分布于林缘和湿地塘的高草丛。除了梯塘小微湿地内种植水生蔬菜外，其他湿地塘、湿洼地、雨水湿地中都以自生湿生草本植物为主（图 8-25），塘基上生长的草本植物均以自生植物为主。在小微湿地之外的区域，种植了一些野花草甸，与片林内和林缘的自生草本植物形成具有不同高度的草本植物群落（图 8-26）。此外，在双桂湖西岸前缘的小微湿地中，自生的蓼科植物使得其呈现出优美的湖岸秋季季相（图 8-27）。

图 8-25　双桂湖西岸湿地塘中的自生湿生草本植物群落

图 8-26 双桂湖西岸具有复杂层次结构的草本植物群落

图 8-27 双桂湖西岸小微湿地中自生的蓼科植物呈现出优美的湖岸秋季季相

③双桂湖西岸由湖岸带小微湿地群环绕双桂湖近岸浅水湿地。西岸的片林、果林、林带与湿生草本植物、陆生草本植物群落交混形成具有复杂空间结构的植物群落；与双桂湖西岸地形变化相适应，林、草结构与小微湿地在空间上镶嵌交混，形成形态优美、景观层次优良的"林-草-湿"复合生境格局（图 8-28）。这种复合生境格局满足了多种生物的栖息、觅食、繁殖需求。小微湿地塘中丰富的水生蔬菜，如慈姑、荸荠、菱角等（图 8-29），以及水生昆虫、底栖动物成为各种食性鸟类觅食的良好对象；湿地塘的塘基和镶嵌分布的草地斑块则是戴胜等草地鸟觅食的场所；片林及树木下的荫蔽空间成为鸟类庇护和夏季遮荫的空间。不同生境斑块在空间上镶嵌分布，功能上相

互补充，共同维持着双桂湖湖岸生态系统复杂的食物网结构。

图 8-28　双桂湖西岸"林－草－湿"复合生境格局

（a）　　　　　　　　　　　　　　（b）

（c）　　　　　　　　　　　　　　（d）

图 8-29　双桂湖西岸小微湿地塘中丰富的水生蔬菜是鸟类优良的食物

3）"沟－渠－田－塘－湖"湿地生命网络设计

生物是景观系统中最具活力的要素，生物多样性是风景系统得以维持健康和稳定的重要保障。在双桂湖西岸小微湿地营建过程中，不仅要考虑小微湿地类型的多样性，而且要特别重视将所有小微湿地在水文和生态上进行连通，根据湖岸地形条件和水资源需求，设计和营建以多功能小微湿地为核心的"沟－渠－田－塘－湖"湿地生命网络（图 8-30）。

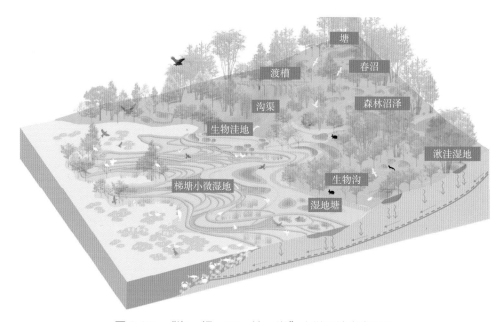

图 8-30 "沟－渠－田－塘－湖"小微湿地生命网络

根据梁平双桂湖湖岸的地形条件和水文条件构建的"沟－渠－田－塘－湖"湿地生命网络，特别注重所有类型小微湿地内部与外部环境的水文连通性。连续的湿地生境可以满足林鸟、草丛鸟、游禽和涉禽等动物的多种功能需求，如提供庇护所、提供食物资源等。在湖岸生态系统设计过程中，针对不同生物类群的需求，以及湖岸带的多功能目标要求，营建了不同类型的小微湿地，形成多功能小微湿地群（图 8-31）。针对鸟类的生态类型、食性需求和栖息生境类型，为林鸟、草地鸟和水鸟设计和建设了不同类型的生境（图 8-32）。通过对植物-动物的协同共生设计，形成多物种耦合的生境系统。通过湖岸带生态恢复、小微湿地营建及多功能生境建设等保护修复工程，建设了"沟－渠－田－塘－湖"湿地生命网络，使湿地保护面积扩大，动植物种类增加。

图 8-31　双桂湖西岸的多功能小微湿地群

图 8-32　双桂湖西岸小微湿地生命网络

8.4　效益评估

8.4.1　生态效益：多功能耦合的湖岸生态界面

1）污染净化及雨洪控制

　　沿高程分布的立体小微湿地群通过基质、植物和微生物协同作用，经过吸收、降解、过滤等过程，形成一个"净-蓄-控-排"有机结合的污染净化及雨洪控制界面，发挥拦截、净化地表径流的作用，同时具有蓄、滞、缓、渗等雨洪控制功能。经过湖岸小微湿地群的建设，双桂湖的水质持续稳定在Ⅲ类，为荇菜生长提供了理想的环境。现在，双桂湖内的荇菜（*Nymphoides peltata*）已发展到近20个群落，面积达400余亩（图8-33）。荇菜床不仅成为鸟类的食物来源，而且是水雉（*Hydrophasianus chirurgus*）（国家二级保护动物）、黑水鸡（*Gallinula chloropus*）等水鸟的产卵繁殖场所。

图8-33　水质良好的双桂湖中荇菜花开放，荇菜床成为水鸟良好的栖息场所

2）生物多样性提升

调查表明，湖岸小微湿地群的建设有效提升了植物多样性。目前，双桂湖西岸小微湿地共有维管植物115种。多样的植物与生境类型为动物提供了优良的栖息场所，成为青蛙等两栖类动物、蜻蜓等昆虫的优良生境空间（图8-34）。双桂湖西岸的小微湿地不仅是水鸟的栖息地，梯塘小微湿地、"林-草-湿"复合生境结构及立体生境空间的形成，为涉禽、游禽、鸣禽等不同生态位和不同食性类群的鸟类营造了栖息、觅食、庇护和繁殖的优良场所。

蜻蜓是湿地环境质量的指示生物，其幼虫生活在水里，对水质要求较高。2022年7月至10月的调查显示，双桂湖湖岸小微湿地共记录到28种蜻蜓（图8-35），隶属于2亚目4科15属，其中差翅亚目2科11属16种，束翅亚目2科4属12种。差翅亚目中以红蜻（*Crocothemis servilia*）、锥腹蜻（*Acisoma panorpoides Rambur*）、黄蜻（*Pantala flavescens*）、白尾灰蜻（*Orthetrum albistylum*）、狭腹灰蜻（*Orthetrum sabina*）为优势种，束翅亚目中以褐斑异痣螅（*Ischnura senegalensis*）、杯斑小螅（*Agriocnemis femina*）为优势种。而在双桂湖周的对照区（未营建小微湿地的普通城市草坪）则仅发现了 11 种蜻蜓。说明双桂湖西岸小微湿地的植物种类丰富，植物群落层次结构复杂，与小微湿地周边林地斑块、草地斑块形成高异质性景观，提供了蜻蜓目幼龄稚虫、末龄稚虫、未成熟成虫和成虫完整生活史所需的要素。小微湿地底部起伏的地形、多种微地貌组合、变化丰富的多孔穴空间，利于蜻蜓稚虫安全生长发育。不同类型的小微湿地，水流形态各异，为蜻蜓提供了静水和流水生境。水文连通性良好的小微湿地网络有助于蜻蜓向外部扩散，维持种群延续。

图 8-34　双桂湖西岸的小微湿地成为蛙类栖息和产卵繁殖的良好场所

（a）　　　　　　　　　　　　　　　　（b）

图 8-35　双桂湖西岸小微湿地中栖息的蜻蜓［（a）为褐斑异痣螅，（b）为叶足扇螅］

随着双桂湖西岸生态环境的改善与优化，这里已成为水鸟的天堂（图 8-36），除了发现国家一级保护动物青头潜鸭（*Aythya baeri*）和国家二级保护动物水雉（*Hydrophasianus chirurgus*）等珍稀鸟类外，2023 年夏季在双桂湖西岸的梯塘小微湿地发现国家一级保护动物彩鹮（*Plegadis falcinellus*）栖息和觅食（图 8-37）。

（a） （b）

（c） （d）

图 8-36 双桂湖西岸是鸟类的优良生境

图 8-37 双桂湖西岸梯塘小微湿地中正在觅食的彩鹮（照片由任璐提供）

3）立体固碳功能

双桂湖西岸的"林 – 草 – 湿"一体化生态结构发挥着减源增汇的重要功能，即削减污染源、增加碳汇，是优良的固碳增汇系统。双桂湖西岸以小微湿地群为主的"林 – 草 – 湿"一体化生态结构，与双桂湖水域的沉水植物、浮水植物，以及湖周山地植被一起，共同构成了双桂湖的立体固碳系统，包括四个方面：①水下固碳系统，由近岸水域的沉水植物，荇菜的水下根、茎，及其生活在水下空间中的鱼类、底栖动物、水生无脊椎动物，共同构成水下固碳系统；②水面固碳系统，以荇菜床为主体，为鸟类、水生昆虫提供生境，由此形成完整的水面食物网，增强了水面的固碳功能；③湖岸多维固碳体系，由以湖岸小微湿地群为核心的"林 – 草 – 湿"一体化生态系统构成；④湖周山地固碳体系，由高粱山、牛头寨等低山丘陵乔木、灌丛、草本植物构成湖周山地复合固碳系统（图 8-38）。

图 8-38　双桂湖立体碳汇生态系统

4）局地微气候调节

双桂湖西岸小微湿地群和形成的"林 – 草 – 湿"一体化结构，对改善场地小气候、调节温度和湿度、减缓热岛效应发挥了重要作用。

8.4.2　景观效益：立体多维的生态湖岸风景

自 2020 年双桂湖西岸完成以小微湿地群为核心的湖岸生态修复后，新生的湖岸风景优美，蜿蜒的湿地塘基勾勒出沿等高线展布的梯塘湿地，倒映着四时晨昏的天光云影，如同天空之镜（图 8-39）。立体多维的生态湖岸风景为城市居民提供了共享的优良绿意空间（图 8-40）。

图 8-39   如同天空之镜的双桂湖西岸梯塘小微湿地

图 8-40   双桂湖西岸以梯塘小微湿地为核心的立体多维生态湖岸风景

8.4.3   经济效益：可持续的湿地生态产业

双桂湖西岸小微湿地梯塘内栽种了具有经济价值和观赏价值的莼菜、慈姑、菱角、蕹菜、水芹菜等10多种水生蔬菜、水生花卉，这些湿地经济植物长势良好，其中，蕹菜、水芹菜可多季采收，湿地产品还可进一步加工利用，产生了明显的经济价值。

小微湿地的营建，优化了双桂湖湖岸带生态系统。随着生态环境的改善，双桂湖的游客由 2017 年的 22 万人发展到如今的 200 多万人，旅游收入由 68 万元增至 430 万元。湖岸小微湿地已成为一张亮丽的生态名片。梁平区都梁新城二期位于双桂湖北岸，湖岸生态环境质量的优化，人居环境品质的提升，带动了房价的提升，同时也带动了周边餐饮、住宿等服务业的发展，促进了梁平区的经济发展。

8.4.4 社会效益：区域发展的生态绿色触媒

湖岸小微湿地丰富的生物多样性和多样的小微湿地生境为大众提供了良好的科普宣教场所（图 8-41），为公众了解湿地生态系统的结构、功能创造了条件，为自然教育提供了机会和场所，有效提升了公众的湿地保护意识，增进了城乡居民的生态福祉。

图 8-41 小学生在双桂湖西岸小微湿地观察写生（梁平区湿地保护中心提供照片）

梁平丘区湖岸小微湿地生命网络的建设对城市的良性发展起到了促进作用，提升了城市人居环境质量。湿地修复与城市空间设计协同相关实践陆续开展，实现了城市用地空间与湿地生态基底耦合，通过促进城市与湿地的协同共生，实现了城市生态系统的良性循环和可持续发展（图 8-42）

（a） （b）

图 8-42 双桂湖西岸小微湿地群与双桂湖及城市交相辉映

梁平区 2022 年 6 月入选"国际湿地城市"，是截止到目前为止我国西南地区唯一获得"国际湿地城市"称号的城市，其中，丘区湖岸小微湿地是其亮丽的生态名片。

梁平区双桂湖小微湿地获得国际风景园林师联合会亚太地区 2022 年度景观设计雨洪管理类杰出奖和野生动物、生物多样性、生境改善或创造类杰出奖。

8.5 总结

利用梁平区丰富的小微湿地资源及双桂湖独特的湖泊湿地资源，近年来，梁平区持续深入地开展了国际湿地城市建设。梁平区充分利用湿地资源，实施河湖连通工程，将水源涵养林、立体山坪塘与双桂湖、湖周小微湿地群、城市内的河溪湿地及点状分布的小微湿地进行生态连通，织就城市湿地有机网络，形成一个结构和功能上的整体湿地网络——城市湿地连绵体。尤其是以小微湿地群为核心的湖岸生态建设，从双桂湖，到湖岸和背景山地，形成了湿地景观层次分明的诗意画卷。沟、渠、田、塘、湖等湿地元素交错分布，"林－草－湿"一体化，展现出优美的"山水林田湖草城"生命共同体的湿地生命画卷。以小微湿地为核心的双桂湖西岸生态工程的实施，使城市与湿地构成了一个共生共荣的复合生态系统，既优化了城市的生态质量，又提升了城区居民的生活品质。双桂湖西岸已成为一个真正的生态乐园和人民群众共享的绿意空间，为城乡居民提供了优良的休闲游憩和生态旅游场所，促进了周边产业发展。梁平区因此于 2022 年获批"国际湿地城市"，其湖岸小微湿地建设受到了国际湿地公约委员会的高度评价。

小微湿地要素在湖岸空间的运用是对退化湖岸进行生态修复、功能提升的创新性探索，提升了城市人居环境品质，实现了湖岸带的新生，随着自然的不断做功，双桂湖西岸的小微湿地群将经历一个持续不断的再野化过程，成为野生生物的生命乐园。今后的研究和实践中，需要进一步研发小微湿地在湖岸空间营建的关键技术方法，了解湖岸小微湿地群与界面生态调控的关系及作用机制，阐明"沟－渠－田－塘－湖"湿地生命网络的空间结构和功能运行机制，湖岸"林－草－湿"一体化生态空间结构的固碳增汇功能及机理，创建可复制、可推广的湖岸小微湿地群和湿地生命网络的建设模式。

第 9 章

"农－林－湿"一体化
——双桂湖南岸小微湿地

丘陵地区是与人类生活最为密切的区域之一。在丘陵山坡地上沿等高线方向修筑的台阶式或坡式断面的耕地，是中国历代劳动人民在水土保持实践中创造出的行之有效的水土保持工程措施。长期以来，研究者们在改善梯田农业生产条件、改革梯田种植制度以及保障梯田农业发展动力上进行了不断的探索。其中，农林复合系统是其重要研究内容之一，通过空间布局或时间安排，将多年生木本植物用于作物和家禽所利用的土地经营单元内，使其形成各组分在生态、经济上相互作用的土地利用系统和技术系统组合。丘陵山地区域的梯田农林复合系统包含了沿坡面等高线延展的生物埂、植物篱等要素。农林复合系统的运用历史悠久，发挥了防治水土流失、涵养水源、提高单位土地生物产出、改善小气候等重要生态与经济效益。伴随着退耕还林工程的推进，不同程度的农林复合模式展现出了对水、光、热等自然资源的综合利用，"山水林田湖草"生命共同体的重要性得到彰显。在丘陵区域，梯田是一种以农业生产为核心的林、草、湿复合结构，生物多样性丰富，生物物种间以及生物与环境间相互联系，具有综合性的生态功能与效益。

西南丘陵地区的传统生态智慧构建出了"丘 – 塘 – 林 – 田 – 居"良性循环的乡村人居与生产复合系统，以堰、塘、沟、渠为主的小微湿地是丘陵农业景观的显著特点和重要组成要素。自然与人工小微湿地共同组成小微湿地网络，构建出"蓄 – 排 – 净 – 利 – 调 – 控"有机结合的丘区水文系统，在丘陵地区发挥着保水保土、净化污染、维持生物多样性等重要的生态服务功能。

在过去的梯田景观研究及设计中，研究大多聚焦于土壤理化性质、景观结构以及耕作模式，对梯田水环境调控机理以及梯田湿地景观的研究仍存在很多不足。因此，需要对以梯田为核心的林、草、湿复合生态系统的组成要素、结构、相互作用机理及功能效益进一步研究。本章以重庆梁平区双桂湖国家湿地公园南岸为例，探讨在以传统丘区梯田为主的土地上，构建多功能耦合的"农 – 林 – 湿"一体化小微湿地生态系统的科学路径，为丘区生态景观设计和小微湿地资源利用提供科学参考。

9.1 研究区概况

研究区域位于重庆市梁平区双桂湖国家湿地公园南岸（图9-1）。湿地公园建设前，南岸为梯田与部分旱地交混的环境，乡村聚落镶嵌分布其中。双桂湖南岸水域水深比北岸较深，有若干半岛，因此湖岸较为蜿蜒。双桂湖国家湿地公园建设后，该部分区域的土地采取"只征不转"的方式，即保留南岸地块的一般耕地的性质，拆除双桂湖南岸的农户住宅，原有梯田和旱地镶嵌的肌理得以保留。修建了环湖道路，主要用于市民和游客步行及骑行。

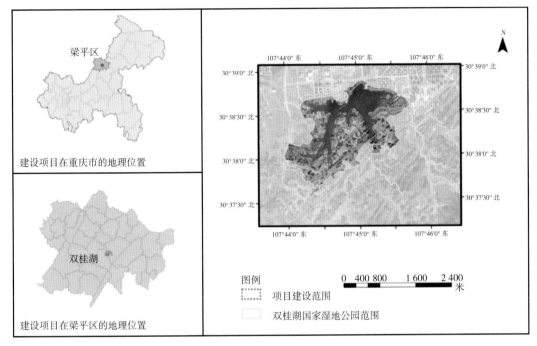

图 9-1 双桂湖南岸地理位置

优化双桂湖南岸现状梯田及农耕环境，将以梯田湿地为主的小微湿地建设与山坪塘、沿路两侧的生物沟等小微湿地建设有机结合，并与南岸的林、草保育、修复融合，营建"农－林－湿"一体化的共生湿地结构，发挥其涵养水源、净化污染、提升生物多样性和美化景观的生态功能。针对上述目标需求，提出了南岸"农－林－湿"一体化设计建设的目标。本研究的设计和实施范围重点包括南岸宽度约 200 m 的环湖岸带（图 9-2），并延伸至双桂湖国家湿地公园的南边界，整个场地呈倒"W"形，总面积约 36 hm^2。

图 9-2 双桂湖南岸鸟瞰

9.2 策略与目标

9.2.1 设计策略

针对双桂湖南岸地表起伏、梯田与旱地交错分布的农耕环境，以及水土流失和农业面源污染问题，提出"农－林－湿"一体化设计的 CASFC 策略。

1）等高线智慧设计策略（Contour Intelligence Design Strategy）

顺应等高线分布的梯田，以其保水保肥的显著优势，被广泛运用于西南丘陵地区。镶嵌于沟间的梯田群发挥了水土保持等环境效益，孕育了丘陵地区的农耕产业，形成了独特的乡村大地景观。本研究将等高线智慧运用于双桂湖南岸"农－林－湿"一体化建设和小微湿地的设计与营建。

2）适应性设计策略（Adaptive Design Strategy）

丘陵地区独特的资源禀赋和变化的环境条件，需要进行适应性设计，以应对全球气候变化背景下的环境变化。通过适应性设计，增强双桂湖南岸"农－林－湿"一体化结构的生态韧性，促进形成结构稳定、功能高效的小微湿地生态系统。

3）空间 - 功能耦合设计策略（Space-function Coupling Design Strategy）

对梯田生态系统而言，保障能量来源，提高能量转化，是其进行生物生产、减源增汇、净化污染的根本保障；稳定物质循环，维持信息流动，是其进行生物多样性保育的关键要素。因此，提出空间 - 功能的耦合设计，通过"农－林－湿"复合空间格局的构建，以及多种功能的耦合及协同，优化提升生态服务功能。

4）功能生境单元设计策略（Functional Habitat Unit Design Strategy）

优化生境结构和功能，重点要加强功能生境的设计。提出基于空间的功能生境设计，通过关键生境和功能生境单元的识别，利用生物、非生物要素构建各类功能生境单元的关键空间结构，为各类生物提供栖息场所。

5）复合生境设计策略（Composite Habitat Design Strategy）

从生境恢复与营建出发，从水平结构、垂直结构等空间结构上进行复合生境的设计，创建三维复合生境结构，维持与提升场地生物多样性，形成稳定的协同共生系统。

9.2.2 设计目标

依托现有的梯田与旱地交错的生态本底，利用起伏地形条件和蜿蜒岸线，构建一个多功能、多效益的"农－林－湿"复合生态系统，在双桂湖南岸打造一个田连阡陌、蛙鸣鸟啼的"农－林－湿"共生的小微湿地景观样板。

9.3 设计技术与营建实践

9.3.1 设计技术框架

根据双桂湖南岸丘陵起伏的资源禀赋和环境条件，从要素、结构、功能、适应性管理四个方面，提出"农－林－湿"一体化小微湿地生态设计技术框架（图9-3）。

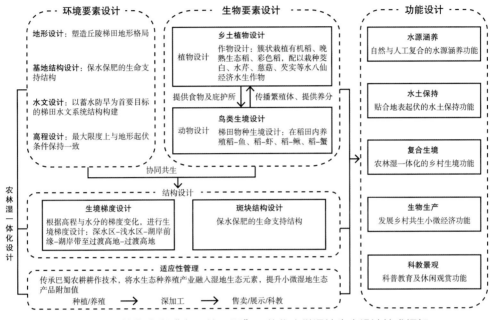

图9-3 双桂湖南岸"农－林－湿"一体化小微湿地生态设计技术框架

9.3.2 营建实践

1）综合要素设计

综合双桂湖南岸各环境要素现状及生态特征，选择关键环境因子开展针对性设计和营建。

（1）双桂湖林地

双桂湖南岸沿湖岸带间断分布有湖岸林片段；环绕原有被拆除的乡村聚落，分布有岛状片林（图9-4）。湖岸林片段和岛状片林提供了涵养水源、保持土壤、生物多样性保育等生态服务功能。设计保留场地内原有的植被，结合适生性乡土植物物种，对林地生境的植物群落结构进行优化。重点营建湖岸林，形成连续的湖岸林带。但在水鸟活动栖息的区域，应在湖岸林前沿留出开敞和缓平空间，为水鸟提供适宜的栖息场所。

图 9-4　双桂湖南岸林地空间分布

（2）农田

双桂湖南岸的农田镶嵌分布于场地中，设计总体上维持现状梯田肌理（图 9-6），在田块间营建部分水塘（山坪塘），形成"稻田－陂塘"系统（图 9-7），满足该区域的蓄水和调控水资源的功能需求。

在双桂湖南岸设计一系列"共生型稻作"模式，将水稻种植与水生动物养殖有机结合，形成稻－鸭共生、稻－鱼共生、稻－鸭－鱼共生、稻－虾共生、稻－鳅共生、稻－蟹共生模式，以共生模式提高梯田内营养物质的转换效率，最大限度地在有限的空间里建立多层结构，达到增产增收，同时提升梯田生态系统生物多样性，增强梯田生态系统稳定性。

图 9-5　双桂湖南岸梯田湿地

图 9-6 双桂湖南岸的梯田肌理

图 9-7 双桂湖南岸"稻田－陂塘"系统

在稻－鱼共生系统内，通过在田块内或田块间挖掘深水凼的方式（图 9-8），提高稻田养鱼的成效，且有利于水资源储蓄和调控，也是应对洪涝、干旱等极端灾害性天气的优良措施。

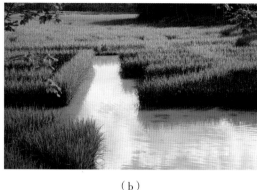

（a）　　　　　　　　　　　　　　　（b）

图9-8　双桂湖南岸稻－鱼共生系统中的深水凼

对现有梯田除了开展有机稻种植外，部分梯田还种植茭白（*Zizania latifolia*）、水芹（*Oenanthe javanica*）、慈菇（*Sagittaria trifolia var. sinensis*）、芡实（*Euryale ferox*）等水生经济作物（表9-1）。

表9-1　梯田湿地种植的水生经济作物种类

生活型	种类	功能	习性
浮水植物	莼菜、菱角、芡实	食用水生蔬菜，观赏	着生水底，叶漂浮水面
挺水植物	有机稻、慈姑、水芹、茭白、芡实	食用水生蔬菜，观赏	着生水底，茎、叶大部分挺伸出水面以上

（3）小微湿地

小微湿地对保持水土、增加生境类型的多样性具有重要意义。保护场地原有的沟、渠、山坪塘等小微湿地结构，同时在丘间进行微地形整饰，将双桂湖南岸前沿的原来田块改造为方便水鸟栖息和觅食的浅水湿地（图9-9）。

双桂湖南岸的小微湿地类型还包括沿滨湖道路两侧的生物沟，以植草沟、复合植物群落生物沟等形态存在。这些生物沟贯通整个南岸的环湖道路，在部分节点上进行面状扩展，并与一些湿地塘相连，在南岸小微湿地网络建设中发挥了重要作用。

（a）　　　　　　　　　　　　　　　（b）

（c）　　　　　　　　　　　　　　（d）

图9-9　双桂湖南岸前沿由原来田块改造成的水鸟栖息和觅食的浅水湿地

2）结构设计

（1）保水保肥的等高梯田结构设计

传承西南丘陵地区传统农耕梯田布局，顺应等高线，依托现有地形起伏条件，优化场地原有梯田分布空间格局。自高向低，以"脊凸谷凹"的模式，塑造丘陵梯田地形格局（图9-10），与地形起伏条件保持一致。依托等高线与地表起伏度结合的梯塘设计，使得径流下渗、泥沙沉积，起到良好的保持水土、拦截泥沙、净化面源污染的作用。

图9-10　双桂湖南岸梯田结构

（2）支持生命系统的梯田基底结构设计

双桂湖南岸梯田小微湿地的基底作为系统的下垫面结构，提供植物着生和生长的基质及水生动物的栖息生境，是小微湿地的生命支持结构。梯田基底结构设计内容包括：遵循土层厚薄与梯田宽度、地面坡度大小、耕作方式等比例关系；修筑梯田时保留表土，以黏土防渗后，上覆壤土；梯田修成后，配合深翻，增施有机肥料，提高土壤肥力。

（3）小微湿地网络设计

充分利用双桂湖南岸临近东山的优势，利用丰富的山前地下水和地表水，进行南岸小微湿地群的水文设计，以沟、渠、蓄水塘与梯田湿地相连，构建小微湿地网络。地表水或地下水经过梯田湿地层层截蓄，支撑梯田农业生产以及生物生长，与稻田相连的沟、渠、塘等小微湿地则在其中起到至关重要的水文连通与水源涵养功能（图9-11）。

图 9-11　双桂湖南岸稻田湿地通过沟渠、水塘连通形成湿地网络

（4）复合生境结构设计

综合考虑双桂湖南岸"山水林田湖草"生命共同体结构，根据高程、地形起伏、水文条件、植物种类筛选及动物栖息需求等综合要素，构建"农－林－湿"一体化的异质性空间结构，形成具有丰富小生境组合的复合生境格局（图9-12）。复合生境结构的创建，可以为不同食性、不同生活型的鸟类提供栖息生境，不同生境类型可满足林鸟、草丛鸟、涉禽、游禽的需求。"农－林－湿"一体化的异质性空间结构也是水源涵养、土壤保持、局地微气候改善的最佳结构，还提供了优美的湖岸景观。

①斑块镶嵌的水平结构设计。研究区域内丘顶、丘坡和丘间镶嵌组合，半岛和水湾交错，形成了双桂湖南岸的蜿蜒湖岸湿地景观。将南岸岛状片林、前沿湖岸林、梯田湿地、山坪塘、生物沟等要素在水平空间上组合，林、灌、草环绕湖湾，构建"农－林－湿"一体化的斑块镶嵌结构（图9-13），发挥水土保持、水源涵养、生物多样性提升等多种功能。

②竖向梯度生境结构设计。保护并延续场地现有的"丘－田－林－塘－湖"竖向结构，根据高程与水分的梯度变化，进行从陆到水的生境梯度设计。在双桂湖南岸近岸水域的深水区维育荇菜床，浅水区适当种植浮叶植物和小型挺水植物，湖湾前缘种植挺水

植物，梯田埂坎上稀疏种植小乔木和灌木；湖岸带至过渡高地是农－林复合的梯田（图9-14）。通过竖向结构布局，利用高程梯度和水分梯度，营建梯度生境格局，满足两栖类、鸟类等动物的栖息生境需求。

图 9-12 双桂湖南岸"农－林－湿"一体化小微湿地结构

图 9-13 双桂湖南岸斑块镶嵌的景观结构

图 9-14　双桂湖南岸生境梯度结构

3）功能设计

（1）功能生境设计

重点针对鸟类进行功能生境设计。保留湖岸林及岛状片林，对湖岸林进行补植，优化林相结构，为林鸟提供栖息生境。在地势较高处可营建小面积密林，为林鸟提供食物和庇护场所。在梯田间点缀种植灌丛，为农业益虫、鸟类、小型哺乳类等动物提供栖息地与生境踏脚石。梯田生境开展农－林复合经营及共生湿地农业模式。建设梯级山坪塘系统，为鱼类、水生昆虫和两栖类动物提供栖息和繁殖场所。湖岸前沿保留或营建浅水湿地，为涉禽提供栖息及觅食生境。在湖湾的明水面，维持荇菜床的良好生长，为游禽提供栖息及觅食场所。

（2）小微湿地经济功能设计

双桂湖南岸梯田湿地是与人为活动紧密相关的农业景观。让周边原住民参与双桂湖南岸梯田稻作产业及共生型湿地农业生产经营活动（图 9-15），实现湿地农业景观文脉的延续，助推乡村绿色发展。

（a）　　　　　　　　　　　　（b）

图 9-15　双桂湖南岸梯田稻作农业耕种场景

（3）观赏游憩及科普宣教功能设计

双桂湖南岸"农－林－湿"一体化生态系统传承了西南丘陵地区的稻作农耕传统，一系列稻作共生湿地农业与小微湿地系统的构建，呈现出优美的丘陵湿地农业景观，为游客提供了观赏及休闲游憩场所。通过组织农耕体验、研学活动及开发湿地文创作品（图9-16），建立起全社会共同参与的开放式户外在地自然教育平台。

（a）　　　　　　　　　　　　　　　　　　　（b）

图9-16　双桂湖南岸稻作研学体验（a）和自然驿站的湿地文创作品展示（b）

（照片由梁平区湿地保护中心提供）

9.4　效益评估

9.4.1　生态效益：减源增汇的小微生命乐园

在双桂湖南岸开展"农－林－湿"一体化试验示范以来，植被结构不断优化，以小微湿地群为核心的"农－林－湿"复合生态结构稳定，在发挥对雨水径流净化功能的同时，也发挥了良好的固碳效益。此外，湿地农耕活动有序开展。双桂湖南岸丰富多样的小微湿地生境连通成生境网络，实现了保障作物产量、净化农业面源污染以及提升生物多样性的综合效益。

双桂湖南岸"农－林－湿"一体化结构形成的复合生境为无脊椎动物及两栖类、鸟类等动物提供了优良栖息生境。长势良好的植物群落为鸟类提供了栖息、庇护场所与食物源（图9-17），游禽、涉禽、草地鸟、灌丛鸟、林鸟等生活型鸟类在"农－林－湿"复合生境中栖息。鸟类为植物传播繁殖体，植物与鸟类形成了良好的协同共生关系。

（a）　　　　　　　　　　　　　（b）

图 9-17　双桂湖南岸适合鸟类栖息的植物群落结构

9.4.2　经济效益：绿色发展的小微湿地农业

在双桂湖南岸通过栽种有机稻以及具有经济价值和观赏价值的莼菜（*Brasenia schreberi*）、慈姑、菱角（*Trapa bispinosa*）、蕹菜（*Ipomoea aquatica*）、水芹菜等10多种水生经济作物，发展双桂湖南岸的特色小微湿地农业，使农田、林地与小微湿地耦合，形成独特的"农－林－湿"一体化的立体景观，通过扩大有机种养殖产业链，对有机产品实施深加工，带来了可观的经济收益，带动了周边居民的再就业。

9.4.3　景观效益："林－草－湿"交相辉映的湿地景观

在双桂湖南岸，春耕时节，人们在稻田中插秧种谷（图 9-18）；秋收时节，金黄的稻谷与多样的水生作物交相辉映，呈现出西南丘陵区优美的乡村农田湿地景观。在双桂湖南岸的合理利用区内，将以梯田小微湿地为主的小微湿地群与民宿结合（图 9-19），吸引了大量游客。

图 9-18　双桂湖南岸春季种植水稻的农耕景观

图 9-19 双桂湖南岸小微湿地与民宿有机交融的景观

9.5 总结

双桂湖南岸"农－林－湿"一体化的生态结构顺应了起伏的丘陵地形，保留了原有的梯田结构，利用丰富的山前地下水与地表水资源，针对丘区起伏的地形、复杂的异质性空间，进行了双桂湖南岸"农－林－湿"一体化设计和建设，构建了"农－林－湿"一体化的生态结构。"农－林－湿"一体化生态结构建成后，小生境类型丰富，生境质量优良，发挥了良好的水源涵养与生物多样性保育功能。双桂湖南岸以梯田小微湿地为核心的"农－林－湿"一体化生态结构，是西南丘陵地区农耕生态智慧的传承与创新探索。"农－林－湿"复合生境格局的构建，形成了多层次、多功能生境梯度，对乡村生物多样性保育起到了重要作用，实现了农业生产与生态保护的双赢。

目前，西南丘陵地区乡村仍面临生境丧失、生境破碎化等问题，乡村生物多样性保育亟待进一步加强，以梯田小微湿地为主的丘区"农－林－湿"一体化建设是乡村生物多样性保育的重要途径。但是，"农－林－湿"一体化建设还存在许多需要进一步探索的关键技术问题，包括对丘区"农－林－湿"生境结构的空间格局、时间动态、各类型生境相互作用机理的研究，以及"农－林－湿"一体化结构的生物多样性特征及维持机制研究，需进一步加强对适应丘区环境条件的"农－林－湿"一体化设计方法和关键技术的研发、推广。

第 10 章

竹林生态蝶变
——竹林小微湿地

竹林作为一种森林类型，是"四库"（"水库、钱库、粮库、碳库"）功能的载体，具有生长快、周期短、用途广、经济价值高等优势。中国是世界上竹子资源最丰富的国家，在竹林培育、资源利用方面取得了许多重要成果，竹林种类、面积、蓄积量均居世界前列，有"竹子王国"的美誉。西南地区竹类资源丰富，有四川宜宾蜀南竹海、重庆梁平百里竹海等大型竹林风景区。过去，对竹林的水文特征与生态效应研究较多，如对广州流溪河流域毛竹人工林进行大气降水、林内透雨、竹秆茎流、林下枯落物持水能力及土壤水分物理性质的测定和研究，或进行水土保持功能强的生态经济型竹种筛选及优化栽培，优化竹阔混交林经营，开展竹下生态种植、养殖等复合经营，构建竹林立体复合植物群落，等等。

目前，很多竹林存在竹种单一、林相结构简单、群落结构单一，生态系统稳定性差等问题，并严重影响竹林生物多样性，景观和生态效益欠佳。竹林与湿地紧密关联，竹子多分布于河溪两岸、湖库周边及水源比较丰富的地方，对保持水土、涵养水源具有重要作用。在园林建设中，竹子与水常共同成景，在古典园林乃至现代园林中广为应用。

本章以地处重庆市梁平区双桂湖西边的竹博园为例，针对竹博园林相结构单一、林内光照不足导致植物多样性贫乏等问题，以小微湿地作为竹林优化的细胞单元，提出"竹林小微湿地"概念，并进行了竹林小微湿地的设计和营建实践，以此优化竹林结构，提升竹林生物多样性和生态系统功能。如何将竹林与湿地进一步有机结合，将小微湿地与竹林景观建设、生物多样性保育、景观美化、科普宣教等多功能耦合，亟待开展深入研究。

10.1 研究区概况

研究区域位于梁平区双桂湖西边的竹博园（图 10-1）。众所周知，地处渝东北地区的梁平区竹资源丰富，竹子种类众多，主要有寿竹（*Phyllostachys bambusoides*）、慈竹（*Bambusa emeiensis*）、白夹竹（*Phyllostachys bissetii*）、楠竹（*Phyllostachys edulis*）等 30 多个竹种，尤其以寿竹广布而闻名，主要集中分布在明月山及周边区域。其中，明月山有近 40 万亩竹林资源，形成了大面积连片竹林的"百里竹海"。丰富的竹子资源催生了梁平竹帘、木版年画等竹子非物质文化遗产，为竹子加工业的发展提供了坚实的基础。

基于丰富的竹子种类和品种资源，梁平区于 2010 年建设了双桂湖三峡竹博园，占地面积 500 余亩，为双桂湖国家湿地公园八景之"竹苑闻莺"重要组成部分。园内收集保存了 300 余种活体竹子，是宝贵的竹种质资源库。竹博园属双桂湖国家湿地公园的合理利用区，种植的竹类品种繁多，多为具观赏价值的竹子种类。但竹林林相单一，生长过于繁茂，影响场地光照，林下草本植物贫乏，喜旱莲子草等外来入侵植物疯长。竹博园还存在沟渠分布凌乱，蓄水困难，水质较差；生物群落结构单一，生物多样性较为贫乏，景观品质低下（图 10-2）等问题。

针对以上问题，于 2019 年 9—10 月对竹博园进行了修复营建及升级优化。本研究的设计和实施范围包括：从竹博园入口至自然教育中心东部，占地面积 7.25 hm²。

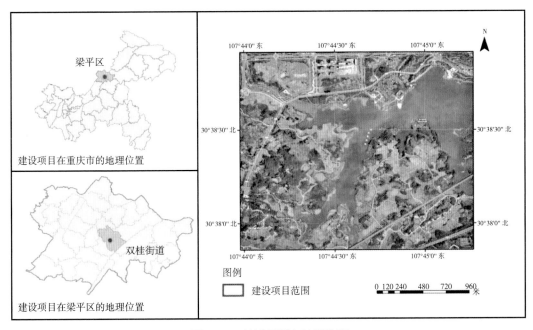

图 10-1 竹博园所在地理位置

（a）

（b）　　　　　　　　　　（c）　　　　　　　　　　（d）

图 10-2　竹林小微湿地建设前的环境状况

10.2　策略与目标

10.2.1　设计策略

针对竹博园竹林分布情况和存在的问题，基于生物多样性提升、景观美化和科普宣教功能需求，提出竹林小微湿地设计的 MSOIM 策略。

1）多要素协同设计策略（Multi Elements Collaborative Design Strategy）

针对原竹林林下生物多样性贫乏的现状，对竹林林相结构进行优化，融竹林小微湿地塘群、野花草甸于一体，进行地形、植物、水文等协同耦合设计，展现多景观层次、多生态序列的异质性生境空间。

2）小微生命景观设计策略（Small and Micro Life Landscape Strategy）

微观尺度上的生命景观是整个大地生命景观系统的组成部分。在竹林小微湿地设计中，通过不同类型小微湿地及其组合设计，丰富小生境类型，形成竹林小微湿地生命景观系统。

3）植物群落优化设计策略（Optimal Design of Plant Community Strategy）

通过对竹林林相结构的优化和改造，结合微地形和水文设计，合理配置植物，创造多层次植物群落空间结构。

4）在地自然教育设计策略（In-site Nature Education Design Strategy）

充分发挥双桂湖国家湿地公园科普宣教功能，重建人与自然的连接，促进公众参与湿地保护的积极性。通过将竹林小微湿地营建与自然学校、户外自然教育节点有机结合，创造在地性的湿地自然教育空间。

5）多功能设计策略（Multi Functional Design Strategy）

强调主导功能优先、多功能并重的功能设计，强化竹林小微湿地的水源涵养、水质净化、生物多样性保育、固碳增汇、观赏游憩与自然教育功能，进行多功能耦合设计，实现竹林小微湿地生态系统服务功能的全面优化和提升。

10.2.2　设计目标

利用原有丰富的竹林资源，营建水绿交融的竹林小微湿地，旨在建设集生物多样性保护与竹种质资源保藏、竹类品种及竹文化展示、休闲游憩与自然教育为一体的竹林小微湿地生命乐园，打造竹林小微湿地建设样板。

10.3　设计技术与营建实践

10.3.1　设计技术框架

在竹博园原竹林群落基础上融入小微湿地元素，从要素、结构、生境、功能四个方面，提出竹林小微湿地设计技术框架（图 10-3）。

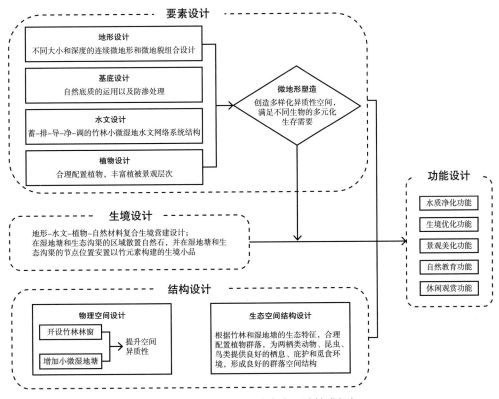

图 10-3　竹林小微湿地生态设计技术框架

以竹林小微湿地优化竹博园竹林的林相结构，将各种类型小微湿地与竹种质资源基因库建设、自然教育中心和竹博馆建设有机结合，营建形态优美的竹林小微湿地（图 10-4）。

图 10-4　双桂湖竹博园竹林小微湿地总平面图

❶ 生命景观花园
❷ 生物沟
❸ 竹林林窗
❹ 湿地塘
❺ 生物洼地
❻ 竹林小微湿地群
❼ 雨水花园
❽ 竹林教育中心
❾ 生物洼地与多塘

10.3.2　营建实践

1）要素设计

（1）地形设计：不同大小和深度的连续微地形和微地貌组合设计

不同的微地形和微地貌组合可以创造多样化的地表微生境和小气候，可有效增加物种多样性。本设计在尊重现状场地的基础上，通过在基底面开挖，形成深度 50 ~ 100 cm 的小型深凹，结合倒木、块石等自然柔性材料，形成不同大小和深度的连续微地形（图 10-5）。

（a）　　　　　　　　　　　　　　　　（b）

图 10-5　通过微地形塑造和微地貌组合设计形成多样化竹林小微湿地生境

在竹林小微湿地群中，设计营建一系列小微湿地塘。对每个小微湿地塘，设计不同的大小、深浅、塘内微地形变化、塘中沉水植物配置，以形成不同的组合。此外，在场地中设计具有一定深度的蓄水塘，用于调控。在湿地塘、生物沟等不同小微湿地设计营建中，充分考虑高程差异和地表起伏度，形成地表上的起伏和高差梯度（图 10-6），并由此产生不同的水热条件。连续、多样的微地形生态空间，可提升景观的生境异质性，从而为昆虫、两栖类等动物提供栖息场所和庇护空间。

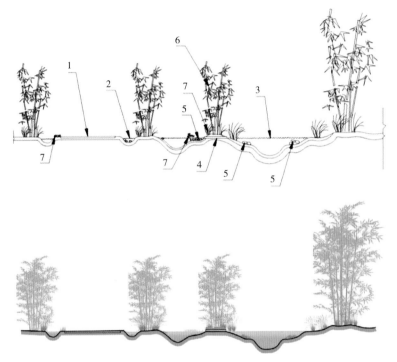

1—道路；2—生态沟渠；3—湿地塘；4—连通装置；5—自然石；6—竹林；7—耐湿耐荫植物

图 10-6　竹林小微湿地剖面图

（2）基底构造设计：防渗处理

对于竹林小微湿地中的湿地塘来说，大多数湿地塘需要常年保水，因此需对部分湿地塘的基底结构进行适应性改造，包括地形改造和防渗处理。地形改造就是对湿地塘基底进行地形起伏设计和营建，塘中部为深水区，形成湿地塘中的地形高差。部分湿地塘的防渗处理主要采用黏土防渗，压实黏土，上覆种植壤土。

（3）水文设计："蓄 - 排 - 导 - 净 - 调"竹林小微湿地网络构建

在小微湿地系统中，水文联系是指湖泊水体、生物塘、生物洼地等以生物沟（图 10-7）、地下暗沟连接形成整体。本设计通过设置抽水泵增压，从双桂湖抽水至蓄水塘中，作为场地主要水源供给。设计营建生物沟使道路雨水散排至生物沟汇集，并沿生物沟汇入邻近深塘或浅塘，通过合理布置生物沟及暗管导水连接各类小微湿地，实现场地水系连通（图 10-8），构建竹林小微湿地网络。

图 10-7　竹博园内连通各小微湿地的生物沟

抽水泵增压给水
自然散排
暗管导水

图 10-8　竹博园小微湿地群水文系统设计分析

利用前期种植竹子时设置的排水沟，将竹林内的湿地塘、生物洼地、雨水花园等小微湿地类型和原有的排水沟以及营建的生物沟连通起来（图 10-9），构成竹博园内的小微湿地网络（图 10-10）。竹林小微湿地与双桂湖进行水系连通，通过微循环设施，使得在极端干旱天气时可通过双桂湖补给水源；暴雨时，竹博园地面径流经由小微湿地净化后排入双桂湖，发挥拦截污染、净化水质、雨洪调控等作用，形成一个"蓄-排-导-净-调"的水循环系统。

图 10-9　双桂湖竹博园内生物沟示意图

图 10-10　竹林小微湿地水文网络示意图

（4）植物设计：优化群落结构，丰富植被景观层次

在植物群落结构优化和植物设计方面，主要采取以下措施：

①通过开林窗的方式（图 10-11），增加竹林内的透光度，改善光照条件，使得林下草本植物得到足够的光照，让自生草本植物能够良好生长，从而增加草本植物多样性，

进而增加依赖草本群落的昆虫等无脊椎动物和鸟类；将林窗设置与林窗内小微湿地建设有机结合，林窗可改善光照条件，林窗内的小微湿地则可改变湿度等小气候，因此更有利于植物生长和动物栖息。

图 10-11　双桂湖竹博园内与林窗结合的小微湿地

②沿竹博园道路两侧、生物沟两侧和湿地塘边缘种植耐湿耐荫植物（图 10-12），在营造多样化湿地景观的同时，提升植物多样性。

图 10-12　双桂湖竹博园湿地塘边缘种植耐湿耐荫植物

③在入口处的生命景观花园内的湿地塘以及竹林小微湿地群内的湿地塘中，种植以水质净化为主的乡土湿地植物（表 10-1、图 10-13），主要包括沉水植物［金鱼藻

（*Ceratophyllum demersum*）、黑藻（*Hydrilla verticillata*）、苦草（*Vallisneria natans*）等］、浮水植物［萍蓬草（*Nuphar pumila*）、水罂粟（*Hydrocleys nymphoides*）、四叶萍（*Marsilea quadrifolia*）、睡莲（*Nymphaea tetragona*）］（图 10-14）、挺水植物［黄花鸢尾（*Iris flarissima*）、水葱（*Scirpus validus*）、灯心草（*Juncus effusus*）、千屈菜（*Lythrum salicaria*）、菖蒲（*Acorus calamus*）、泽泻（*Alisma orientalis*）、慈姑（*Sagittaria trifolia var. sinensis*）、荸荠（*Eleocharis dulcis*）等］（图 10-15）。

表 10-1 竹林小微湿地植物种类筛选

生活型	种类	习性需求
沉水植物	金鱼藻、黑藻、苦草	着生水底，植株全部沉没水下
浮水植物	萍蓬草、水罂粟、四叶萍	着生水底，叶漂浮水面
挺水植物	黄花鸢尾、水葱、灯心草、千屈菜、菖蒲、泽泻、慈姑、荸荠	着生水底，茎、叶大部分挺伸出水面以上

图 10-13 竹林小微湿地植物配置模式

图 10-14　竹博园入口生命景观花园小微湿地塘中的沉水植物及浮水植物

（a）　　　　　　　　　　　　（b）

图 10-15　竹博园入口生命景观花园小微湿地塘中的挺水植物

④在入口处的生命景观花园内，围绕小微湿地，建设野花草甸，形成入口处的花甸湿地（图 10-16）。野花草甸种植考虑蝴蝶、蜻蜓等昆虫的蜜粉源植物和寄主植物。

（a）　　　　　　　　　　　　（b）

图 10-16　竹博园入口生命景观花园中的野花草甸与小微湿地

（5）小微湿地类型设计：营建各种小微湿地类型，形成竹林小微湿地群

充分利用竹博园内的空间（竹博园入口、竹林边缘、自然教育中心周边、竹博馆周边、道路两侧、竹林林窗内部等）、地形和水资源条件，营建各种类型的小微湿地（图 10-17），形成形态优美、生态功能优良的竹林小微湿地群（图 10-18）。

（a）　　　　　　　　　　　　　　　（b）

图 10-17　竹博园内的各种小微湿地类型效果图［（a）为生物洼地，（b）为多塘湿地］

图 10-18　竹博园内形态优美的小微湿地群

2）结构设计

（1）物理空间异质性设计

竹林的发育阶段、密度、个体大小及林冠结构等方面的不同，导致了竹林涵养水源和水土保持能力的差异。针对双桂湖竹博园竹林郁闭度过高、生态效益低下等问题，对竹林进行适当疏伐，在郁闭的竹林内开设不同大小的林窗（图 10-19），改善竹林内部光照，增加竹林环境空间的异质性。同时，在林窗范围内营建各种类型小微湿地。林窗内的小微湿地除了可增加湿度、改善小气候外，还形成了水陆交替的空间，从而形成类型丰富的小微生境，达到提升竹林生物多样性、优化竹林景观品质的目的。

图 10-19　竹林林窗示意图

（2）生态空间异质性设计

根据竹林和小微湿地的生态特征，针对目标物种选取适宜植物，合理配置植物群落，建立多样化的湿地塘，为昆虫、两栖类、鸟类提供良好的栖息、庇护和觅食环境，形成良好的群落空间结构（图 10-20、图 10-21）。

图 10-20　优化后的竹林生态空间示意图

图 10-21　竹林小微湿地营建后形成的良好群落空间结构

3）生境设计

设计和营建竹林小微湿地是提升竹林生物多样性的有效手段。小微湿地设计应与小微湿地营建紧密结合，在湿地塘和生物沟内散置倒木和石块，并在竹博园入口处的生命景观花园以竹元素构建各种生境小品。生物洼地等小微湿地边缘的缓坡与留白空间组合，可为蜻蜓等昆虫提供栖息环境。在小微湿地中放置倒木和石块，可为各种昆虫和两栖类提供栖息场所。通过地形、水文、植物、自然柔性材料的综合运用，营建竹林小微湿地复合生境（图 10-22）。

图 10-22　竹林小微湿地复合生境

在竹林小微湿地内设置由废弃材料建造的昆虫旅馆。昆虫旅馆形态多样，其中外形为 DNA 双螺旋结构的昆虫旅馆（图 10-23），寓意着生命之源和竹林小微湿地生生不息，成为竹博园的景观标志及开展自然教育的良好场所。

瓦片、砖头、纸筒　　木头、枯树枝、树皮　干树叶、干草、松果　　　昆虫箱

图 10-23　以废弃材料建造的昆虫旅馆

这些昆虫旅馆既是生境小品，又是小微生命景观结构和小微生命乐园。以废弃材料制作立体生境结构，将废弃木块、竹棍、砖头、瓦片等材料填充于立体空间内，形成复合多孔隙结构，为蜜蜂、蝴蝶、甲虫等昆虫提供栖息地，也是一些蜥蜴居住的场所。此外，在昆虫旅馆的不同层次、不同小单元内填充土壤，使其生长多种植物，为各种小型动物提供栖居场所及食物条件，从而实现竹林生物多样性的提升。

4）功能设计

小微湿地不仅具有雨洪控制、地表径流污染净化、改善微气候等功能，而且由于生物多样性丰富和自然野趣等特点，也是优良的自然教育场所。本设计秉持主导功能优先、多功能并重的原则，将竹林小微湿地设计与自然教育功能、观赏游憩功能等进行有机结合。

（1）"小微湿地 + 自然教育"功能

本设计以"小微湿地 + 自然教育"诠释在地自然教育的内涵，体现小微湿地与自然教育有机结合的魅力。由竹林、竹林小微湿地和竹林环抱的湿地自然学校构成在地自然教育框架体系（图 10-24）。建设湿地自然学校、三峡竹博馆、湿地自然课堂、荇菜长廊等系列宣教节点，让竹博园成为湿地与竹文化相结合的自然教育基地。结合竹林小微湿地的重要节点，增加场地解说标示牌（图 10-25），将自然教育贯穿于竹林小微湿地环境中，开展参与式自然教育体验，并与湿地自然学校的培训教学有机结合。

图 10-24　双桂湖竹博园内的湿地自然学校

图 10-25　双桂湖竹博园内的宣教标牌

（2）"小微湿地 + 景观品质提升"功能

充分利用竹林小微湿地高的环境空间异质性，促进竹林自身的生长更新。本设计在针对生命景观花园、生命景观塘、湿地塘、生物洼地、生物沟等各类小微湿地进行整体设计的基础上，对竹林与各类小微湿地的相互作用关系进行有机组合，形成完整的"塘 - 沟 - 渠 - 竹"的竹林小微湿地网络，呈现出独具魅力的竹林小微湿地景观，从而美化竹博园景观，提升景观品质。

（3）"小微湿地＋休闲观赏"功能

将竹博园小微湿地建设与休闲游赏结合，利用三峡竹博馆等文化展示场地，让竹博园成为小微湿地与竹文化相结合的综合自然展馆（图10-26）。设计游步道，打造特色竹林小径丰富场地游线，并将小微湿地与竹林小径结合（图10-27）。建设竹博园内的休憩平台，增加休闲观赏活动空间。

（4）"小微湿地＋竹林康养"功能

依托竹林资源优势，打造以强身健体、修身养性为特点的竹林小微湿地健康景观，开展竹林小微湿地康养活动，实现经济效益、生态效益、社会效益协同发展。

图 10-26　双桂湖竹博园自然学校周边的小微湿地

图 10-27　双桂湖竹博园内与小径相结合的小微湿地

10.4　效益评估

10.4.1　生态环境效益

竹林小微湿地生态工程建成后，竹博园发挥了良好的生态环境效益。成片的竹林营造出绿竹成荫、万竹参天的景观，疏密有致和起伏错落的竹林群落与小微湿地形成的复合生态系统，起到了改善生态环境的作用。竹林林窗的营建使得竹林光照条件得以改善，竹林内部空间结构得到优化，异质性增加，草本植物生长良好，昆虫及鸟类种类更为丰富，生物多样性得到有效提升（图 10-28）。

图 10-28　双桂湖竹博园竹林林窗与生长茂盛的植物

竹林具有很强的固碳释氧效应，林下丰富的微地形和小微湿地群为植物生长提供了良好基础。在竹博园林窗内以"双肾"形态营建的小微湿地，改善了竹林内部的小微气候，改变了水湿条件，通过生物沟与小微湿地群和双桂湖形成了水文连通，构建了优美的竹林小微湿地景观（图 10-29、图 10-30）。

竹林小微湿地生境条件的优化和改善，使得动植物种类进一步增加，竹林小微生境和生物多样性更为丰富，进一步促进了竹林的健康发展。竹林掩映之中，深浅不一的湿地塘镶嵌存在，各种动物栖息活动于其中，呈现出竹林小微湿地的优美画卷（图 10-31、图 10-32）。

图 10-29　双桂湖竹博园内的"双肾"小微湿地

图 10-30　双桂湖竹博园内的竹林小微湿地网络

图 10-31　竹林内深浅不一的塘组成湿地塘群

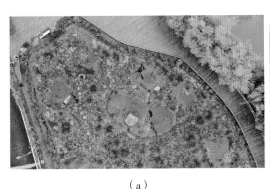

（a）　　　　　　　　　　　　　　（b）

图 10-32　各类小微生境塘

　　位于竹博园入口处的竹林小微生命景观花园，修复营建竹林小微湿地前曾是低效和低品质竹林，景观凌乱，水质较差。修复营建后，被竹林包绕的小微湿地与野花草甸组合，呈现出靓丽的竹林小微湿地景观（图 10-33）。该处由多个小微湿地塘组成，每一个小微湿地塘都是一个生命景观结构，是一个湿润的生命斑块，从沉水植物、浮水植物到挺水植物，与游动其中的鱼类、跳跃其间的蛙类、在草丛中飞舞的蜻蜓、蝴蝶及其他昆虫，共同构成了灵动的竹林小微生命景观（图 10-34）。

图 10-33　竹博园入口处的竹林小微生命景观花园

图 10-34　灵动的竹林小微生命景观

10.4.2　社会效益

　　竹群落具有姿态美、色彩美、意境美以及时空序列美。竹子与小微湿地的结合，使得竹林小微湿地呈现出生机勃勃的生态景观，成为集自然观光、休闲康养等多功能于一体的风景旅游资源。竹林小微湿地通过营造集竹类科研实验、教学实习、竹林教育于一体的室内外在地自然教育点，为公众提供了自然教育的优良场所。湿地自然学校被竹林小微湿地环绕，自然教育中心内不仅有丰富的湿地自然教育的展陈内容，有湿地自然课堂，而且各种小微湿地镶嵌在湿地自然教育中心的院落内，院落内的小微湿地塘甚至成为斑嘴鸭等鸟类的繁殖和庇护场所。

　　双桂湖竹博园竹林小微湿地已经成为游客和市民在双桂湖休闲游赏的重要场所，人们不仅能欣赏到竹林和湿地镶嵌的优美生命景观，而且能享受到竹林小微湿地的奇妙和生动的生命体验。如今，竹博园已获批重庆市级"科普教育基地""自然教育基地""重庆市梁平区新时代文明实践基地""重庆市梁平区乡村文化振兴基地""重庆市梁平区中小学社会实践基地"等称号。此外，双桂湖国家湿地公园还成为重庆大学建筑城规学院与重庆市梁平区湿地保护中心共建的专业硕士研究生研修创新基地（图10-35）。未来，竹林小微湿地还将继续开展形式多样的自然教育与研学活动，提供优质的在地自然课堂，使竹博园自然清幽的竹林美景、悠然的竹林小微湿地景观、富于文化气息的园林意境、充满生机的自然教育体验场所完美结合。

图 10-35　学生在竹博园内的竹林小微湿地开展研学活动

10.5　总结

　　双桂湖国家湿地公园在建设过程中，其重要目标是拓展和丰富湖岸生态空间，提升湖岸生物多样性和湖岸景观品质。竹博园竹林小微湿地建设是双桂湖湖岸生态修复的重要组成部分，也是竹林结构优化、功能提升的有效途径。竹林小微湿地因其独特的空间形态和多样的生态服务功能，与双桂湖之间实现了水文和生态连通，是梁平区城市湿地连绵体的有机组成部分和丘区湿地生命景观的重要节点。竹林与小微湿地的创新结合，使得竹林小微湿地成为双桂湖湖岸多维小微湿地系统中的有机组成部分，呈现出竹林与小微湿地融合的复合生境结构，提高了原有竹林生态系统多样性和稳定性，展示出优美的竹林湿地景观，提供了优良的自然教育场所，充分发挥了小微湿地的多维效益。竹林小微湿地使原有林相单一、生物种类贫乏的竹林得以新生，焕发出"生灵乐栖、人民乐居、游客乐游"的小微生命景观的勃勃生机。

　　现在的竹景观空间已不再局限于传统园林单一注重幽、雅情景的营建，自然和生态成为竹景观营建的重要方向。如何在现代园林景观中传承竹类植物景观营造的传统手法，并加以创新运用，已受到广泛关注。竹林不仅是风景资源，也是重要的生态系统类型。如何将生态与艺术有机结合，如何提升竹林生物多样性、优化其生态服务功能，需要我们把竹林和湿地协同设计。在未来的设计研究工作中，需进一步研究竹林与小微湿地耦合设计的关键技术，研发竹林小微湿地生物多样性提升的有效路径及调控机制，通过创新设计技术和修复工程措施，使竹林小微湿地生物多样性保育、水源涵养、污染净化等生态服务功能更为优良。

第 11 章

水陆界面拓展
——河岸小微湿地

河流与环境介质间存在着关系密切、作用活跃的范围，这个范围就是河流与不同环境介质（包括固相、液相、生物相）之间所形成的界面层。河岸带是河流水陆交界处直至河水影响消失之间的地带，是集水区陆域与河流水体交互作用的重要过渡带。在流域景观中，河岸带是陆域集水区与河流耦合的核心景观部位，其生态环境质量将直接影响到河流生态系统的健康状况。河岸带是城市开发建设与自然过程长期协同作用所形成的景观类型，具有拦截、缓冲、过滤、净化、生境、生物走廊及碳汇等生态服务功能。如何保障并进一步优化河岸带生态服务功能，并使之与滨水景观开发利用相协调，已成为备受关注的领域。目前，国内外研究及修复设计往往片面关注河岸带的单一生态服务功能，例如单一强调河岸带对氮、磷等面源污染物质的去除机理与防控技术、河岸带生物多样性评估与修复，以及河岸带休闲游憩与业态激活等。事实上，河岸带的各类生态服务功能与河岸带水文、底质、地形地貌等环境因子及植被、动物、微生物群落等生态系统结构密切相关，且各功能之间相互关联、协同作用，共同维持河岸带所提供的生态福祉。

按照河流–湿地复合体理论，河岸带区域分布有各种类型的小微湿地，如河岸沼泽、洼地、水塘等。小微湿地与河岸林、河岸灌丛及草本植被共同组成河岸生态系统。因此，小微湿地的存在，无论是对于污染拦截净化，还是生物多样性保育，都具有重要的作用。基于对河岸带小微湿地的认识和调查，将小微湿地设计融入梁平区龙溪河河岸带生态修复中，通过小微湿地的营建，与河岸林镶嵌交混，形成优良的河岸带生态结构，从空间和功能上对河岸带这一生态界面进行拓展，从而优化河岸生态系统服务功能。

11.1　研究区概况

研究区域位于重庆市梁平区龙溪河川西渔村段河流右岸（图11-1）。龙溪河为长江左岸一级支流，发源于梁平区明月山东麓和铁凤山西北，两源汇合后流经垫江县普顺、大顺、高安，在高洞与忠县的沙河合流始名龙溪河，再向西流12 km，入长寿境六剑滩，经石堰、龙河、双龙、云集、狮子滩、邻封、但渡、凤城等镇街，在长寿主城下游3 km处注入长江。项目区位于龙溪河川西渔村段，自梁平区礼让镇省道S102桥，至仁贤镇国道G318桥，河段长5.44 km，宽度为河岸道路内侧40～50 m。龙溪河川西渔村段右岸地势较平坦，河岸带以外两侧均为农田，以种植水稻为主。河岸稀疏分布有草本植物和少量乔木，河岸植被类型单一（图11-2），植物种类贫乏，景观品质较差。由于沿河两岸有大量农田种植，农业面源污染等问题较为突出。

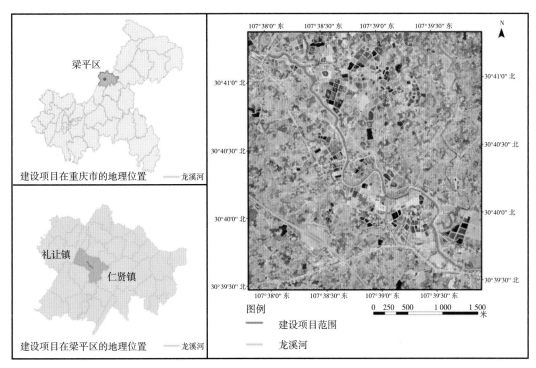

图 11-1　龙溪河川西渔村段河岸小微湿地建设地理位置

图 11-2　修复前龙溪河川西渔村段河岸生态状况

11.2 策略与目标

11.2.1 设计策略

围绕龙溪河河岸带生态恢复目标，提出河岸小微湿地生态设计的 NMSM 策略。

1）基于自然的解决方案（Nature-based Solutions，NbS）

采取行动保护、管理和恢复自然生态系统或改造生态系统等措施，有效地、适应性地应对社会挑战，为人类福祉和生物多样性带来好处。

2）多功能设计（Multi-function Design）

基于河岸带廊道、过滤、拦截、屏障、源 - 汇、生物生境等多功能，设计中以面源污染拦截净化、固岸护岸、生物多样性保育等主导功能为重点，强调多功能并重。

3）自然的自我设计（Self Design of Nature）

重视以洪水过程、风力、生物传播等自然动力为主的自我设计能力，使河岸带自生植物得以良好生长，通过自然的自我设计和调控，形成和维持优良的河岸带生态系统。

4）多维空间设计（Multi-dimensional Space Design）

河岸带生态界面是一个充满生机的多维空间，要遵循从上游到下游纵向空间维度、从河流深水区→浅水区→河岸带→过渡高地→高地侧向空间上的生态梯度变化，重建多空间维度、多景观层次、多生态序列的河岸带景观。

11.2.2 设计目标

在长江生态大保护、长江上游重要生态屏障建设大背景下，以龙溪河流域综合整治为抓手，通过将小微湿地设计营建融入河岸生态修复，从空间和功能两个方面拓展水陆生态界面，建设河岸小微湿地系统，打造梁平区生命景观河流修复示范样板。

11.3 设计技术与营建实践

11.3.1 设计技术框架

针对龙溪河川西渔村段河岸地形及宽度，采取河岸林 – 塘系统模式（图 11-3）。河岸林 – 塘系统是将河岸林和以塘为核心的小微湿地系统有机结合起来的复合结构。这种结构能够发挥地表径流拦截及污染净化作用、提升生物多样性、增加河岸碳汇、美化河岸景观等生态服务功能。

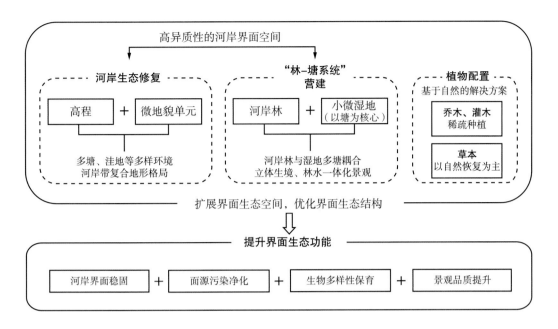

图 11-3　河岸林－塘小微湿地系统设计技术框架

11.3.2　营建实践

1）高程与微地貌单元结合的河岸生态修复

　　根据龙溪河河岸地形、河岸带的多功能需求，将高程、河岸带宽度与河岸带微地貌变化相结合，设计坡率 1 ： 5 的缓坡岸带，保持岸坡表面的微地形起伏。根据当地的降雨特点和季节性降水变化，结合无脊椎动物、鸟类的栖息、觅食和庇护生境需求，沿河岸带等高线设计一系列湿地塘、洼地。各种大小、形状不同的湿地塘及洼地构成沿等高线延展的小微湿地群（图 11-4），形成丰富的河岸生态界面。与高程相结合的河岸微地貌结构形成河岸带复合地形格局，湿地塘、洼地等小微湿地成为水生无脊椎动物和两栖类等动物的良好栖息场所（图 11-5），并为该区域的鸟类提供食物来源和庇护场所。

图 11-4　河岸带地形修复与湿地塘营建过程

（a） （b）

图 11-5 与高程相结合的河岸微地貌结构形成河岸带复合生境格局

2）河岸林与湿地多塘的耦合设计：河岸"林－塘"系统

　　根据"林－水"一体化原理，将河岸林与湿地多塘耦合设计，营建龙溪河河岸"林－塘"系统（图 11-6）。河岸小微湿地塘与疏林结合，在塘基上种植旱柳（*Salix matsudana*）、枫杨（*Pterocarya stenoptera*）等耐湿植物，形成"疏林－多塘"系统。塘内稀疏栽种黄花鸢尾（*Iris wilsonii*）、荸荠（*Eleocharis dulcis*）、问荆（*Equisetum arvense*）等湿地植物，在塘基上、疏林林下，适当种植少量观赏草及山桃草（*Gaura lindheimeri*）等草本花卉，更多地让能够自然恢复的自生草本植物得以生长，形成能良好自我维持的河岸植物群落。"林－塘"系统的微湿地塘营造了丰富的河岸地形，使得河岸生境多样性得以丰富。河岸湿地塘是青蛙和水生昆虫的重要栖息地和繁殖场所，塘基上的草本群落为昆虫提供了良好生境，疏林则是林鸟栖息的场所。

图 11-6 龙溪河川西渔村段河岸"林－塘"系统

3）基于自然解决方案的植物种植：河岸"林－塘"系统的植物配置

河岸带各种小微湿地塘中的植物包括沉水植物、浮水植物、挺水植物，浮水植物以覆盖水面面积不超过 1/3 为宜。河岸带的植物筛选针对稳固、观赏、生境等功能，稀疏种植少量乔木和灌木（图 11-7），乔木种类包括旱柳、乌桕（*Triadica sebifera*）、池杉（*Taxodium distichum var. imbricatum*）、枫杨等，灌木种类包括桑（*Morus alba*）、秋华柳（*Salix variegata*）和小梾木（*Cornus quinquenervis*）等。除了种植少量观赏草及草本花卉之外，草本植物主要以自然恢复的自生植物为主。

图 11-7　龙溪河川西渔村段河岸疏林与林下草本植物

4）河岸带多带缓冲系统与小微湿地有机结合

根据河岸带生态防护功能需求，将草本植物群落与河岸林、河岸灌丛有机配置，形成河岸带多带缓冲系统（图 11-8），发挥作为水陆界面的拦截、净化等功能。将河

图 11-8　龙溪河川西渔村段河岸带多带缓冲系统

岸林、河岸灌丛构建的多带缓冲系统与小微湿地有机结合（图 11-9），形成"林 – 草 – 湿"一体化的多带缓冲系统，发挥更加高效的污染净化功能及生物多样性保育功能。

图 11-9　龙溪河川西渔村段河岸带多带缓冲系统与小微湿地有机结合

11.4　效益评估

11.4.1　生态环境效益

河岸"林 – 塘"系统修复完成后，龙溪河川西渔村段，从上游到下游，沿着河岸带，林和塘有机镶嵌，丰富了整个河岸空间，使得河岸环境空间异质性大大增加，小生境类型更为多样，物种多样性随之提高。研究区段稀疏种植的乔木、灌木存活状况良好，自生草本植物恢复良好。栖息在该段河岸带的鸟类种类及种群数量增加明显。高程与微地貌协同设计、河岸林与多塘耦合设计产生了明显效果，不同生境结构单元及河岸带立体生境空间的形成（图 11-10），为不同生态位的鸟类营造了栖息、觅食乃至繁殖的生境，提高了鸟类多样性，

11.4.2　景观效益

以河岸"林 – 塘"系统形式，丰富了河岸空间，使得河岸带景观品质提高，河岸景观层次更加丰富。无论是河岸带的垂直空间层次，还是水平空间上的梯度变化，使得河岸带呈现出优美的景观外貌（图 11-11）。通过河岸"林 – 塘"系统的修复实践，将河岸界面生态系统与滨水空间的景观美化优化协同，实现了生态修复、滨水空间景

观建设和人居环境优化协同共生，使河岸带成为当地居民共享的绿意空间和良好的休闲游憩场所。

图 11-10　龙溪河川西渔村段河岸"林－塘"系统及立体生境空间

图 11-11　龙溪河川西渔村段河岸"林－塘"系统优美景观

11.5　总结

在河岸带生态系统修复设计中，界面生态设计的基本原则告诉我们：应考虑界面生态空间的拓展，优化界面生态结构，而不仅仅是单纯的河岸植物栽种及群落构建。针对河岸带污染拦截净化、生物多样性保育等主导生态服务功能，提出河岸"林－塘"系统建设模式，将河岸多塘小微湿地系统与河岸林耦合设计。在这一过程中，注重高程与微地貌单元结合的河岸生态修复；将河岸林与湿地多塘进行耦合设计，营建河岸"林－塘"系统。基于自然的解决方案，进行河岸"林－塘"系统的植物配置，让河岸自生草本植物得以良好恢复。通过实施河岸"林－塘"系统修复模式，让小微湿地成为拓展河岸生态界面空间和功能的重要手段。

以河岸"林－塘"系统模式进行的龙溪河河岸带生态系统修复设计与实践研究，仅仅是河岸带界面生态设计的初步探索。在今后的研究中，应进一步探索河岸带小微湿地生态系统的分布、空间结构和功能，研究小微湿地系统与河岸带的相互作用机理，河岸带小微湿地群的物理结构与生态结构的耦合机制，研发适应河流生态系统健康维持需求的河岸带小微湿地生态系统设计的系统方法和关键技术，开展适应变化环境需求的河岸带小微湿地生态系统结构与功能耦合的调控机理和设计方法体系研究。

第 12 章

乡村生态之肾

——乡村污水治理小微湿地

农业、农村、农民问题是关系国计民生的根本性问题。实施乡村振兴战略，是解决城乡发展不平衡、建设美丽中国的重要举措。在乡村振兴的大背景下，农村地区的道路、水气管道等基础设施建设全面推进。但受地理条件、经济发展水平、人口密度及分布状况等多种因素影响，多数地区的乡村缺乏污水处理设施，导致污水乱排，生活污水倾倒在乡村院坝或直排房前屋后的沟渠中。乡村池塘由于长期存在生活污水流入和畜禽养殖污染，大多数成为黑臭水体。

乡村生活污水处理效果很多时候难以达标，现有标准对尾水水质有局限性。尾水排入自然水体，对河流下游水环境造成极大影响，导致水生生物群落结构和功能受损。

湿地是乡村景观重要的构成要素，发挥着污染净化、水源涵养、生物多样性保育、雨洪调控和景观游憩等生态系统服务功能。小微湿地因其面积小、成本低、使用灵活，可因地制宜运用在乡村污水处理上，是乡村人居环境治理的有效措施。小微湿地生态系统中的基质、水生植物和微生物，三者共同对污水起到物理、化学和生物的三重协同处理净化作用。

本章以地处重庆梁平区的竹山镇场镇与云龙镇三清村为例，探讨乡村污水治理小微湿地设计与实践研究。针对污水处理厂处理后排放的尾水，建设与污水处理厂相连的小微湿地群，将小微湿地用于尾水处理提标，同时发挥乡村雨洪管理、景观美化等作用。在乡村振兴背景下，建设乡村生活污水治理小微湿地，是乡村生态振兴的重要内容，对流域水环境治理和乡村人居环境质量提高具有重要作用。针对竹山镇和云龙镇不同环境条件，设计营建不同类型的小微湿地，探讨小微湿地对乡村生活污水处理后的尾水提标、深度净化作用，可为将小微湿地用于乡村水环境治理提供参考。

12.1　研究区概况

研究区域位于梁平区竹山镇安丰社区和云龙镇三清村（图12-1）。竹山镇位于梁平区西部，地处明月山，"两山夹一槽"的独特地形绵延百里，境内最高点位于猎神村大石头山，海拔1 100 m；最低点位于绍沟村邵新纸厂，海拔640 m；属暖湿亚热带季风气候，年平均气温18 ℃，夏季平均气温22 ℃。镇域森林面积6.9万亩，森林覆盖率达94%，有竹林5.7万亩，竹种类（含品种）37个，国家级珍稀保护动植物有40余种。竹山镇分水岭是龙溪河重要支流七涧河的发源地，境内有竹丰水库、猎神水库、花石水库等3个水库。

竹山镇乡村污水治理小微湿地位于竹山镇安丰社区，污水治理小微湿地于2019年5月开始建设，至2019年底完成建设（图12-2）。小微湿地总面积约2 hm²，周长682 m。

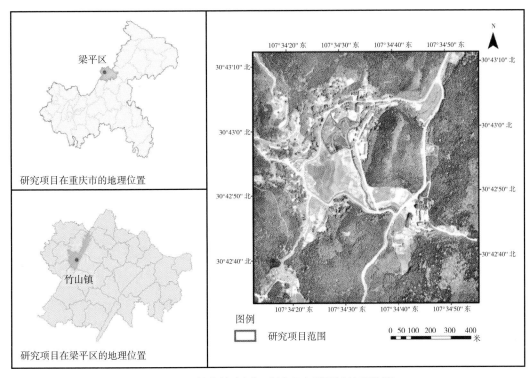

图 12-1　竹山镇生活污水治理小微湿地地理位置

图 12-2　竹山镇乡村污水治理小微湿地现状

云龙镇位于梁平区南部，是主城进入梁平的第一站，渝万高铁穿境而过。它东邻铁门乡，南与垫江县普顺镇接壤，西连荫平镇，北依和林镇。云龙镇东北高，西南低，地形以平坝、浅丘为主，海拔 410 ~ 1 125 m。气候属暖湿亚热带季风气候，全年平均气温 17 ℃，年降水量 1 000 ~ 1 500 mm，光照充足，无霜期 280 ~ 330 天。

龙溪河贯穿云龙镇全境，龙溪河自东平村入境，由北而南，贯穿 7 个村，与垫江县普顺镇相接。云龙镇境内龙溪河河道长 17.62 km，龙溪河七里滩有大规模密集的壶穴群。全镇有山坪塘 181 口，小 I 型水库 1 座（红旗水库），用于输水灌溉的干支渠 46 km；引水渠 1 条，蓄水池 27 处，总蓄水量 290.36 万 m³。

根据梁平区龙溪河流域 2016—2020 年共 19 个地表水常规监测断面（乡镇考核断面和次级河流考核断面）逐月水质监测数据，龙溪河流域河流水质存在较多劣 V 类水体，超标比例较高，主要污染物为 TP，其次为 NH_3-N 和 COD_{cr}；龙溪河干流水质为 II 类~劣 V 类，沿程水质差异较大。龙溪河流域受污染河流的水质存在较为明显的丰枯差异，枯水期水质差于丰水期，其中 12 月至次年 5 月水质最差。按照污染物来源分析，COD_{cr} 入河量主要来源于生活污水，其次为畜禽养殖，再次为生活垃圾、农田面源。NH_3-N 入河量主要来源于生活污水，其次为农田面源和畜禽养殖污染。TP 入河量主要来源于生活污水和农田面源，其次为畜禽养殖和水土流失污染。

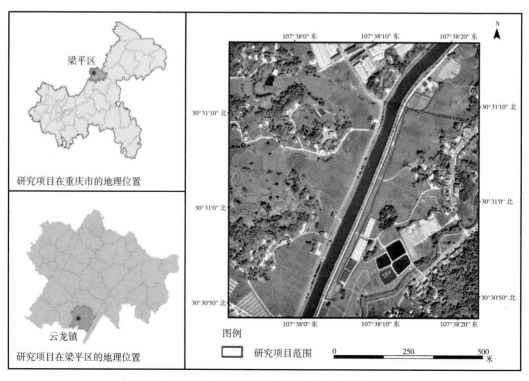

图 12-3　云龙镇三清村乡村污水治理小微湿地地理位置

图 12-4　云龙镇三清村乡村污水治理小微湿地

（可见与龙溪河平行的线性生物沟，照片为余先怀拍摄）

本研究示范场地位于云龙镇三清村境内（图 12-3），距场镇约 200 m，是云龙污水处理厂尾水治理项目。小微湿地占地面积 1.4 hm²，呈回形针状线性结构，线性小微湿地单边长度约 735 m。场地西侧为龙溪河，场地设有净化湿地塘 3 个，面积约 3 000 m²；回水池 1 个，面积约 300 m²；线性生物沟总长约 1 500 m（图 12-4）。

12.2　策略与目标

12.2.1　设计策略

针对乡村污水处理后的尾水提标和深度净化的小微湿地，提出 DSCM 设计策略。

1）因地制宜设计策略（Design Strategy in Accordance with the Local Situation）

在小微湿地设计及营建方面，需因地制宜，充分考虑建设场地的面积、地形特点、环境状况以及经济技术条件等。在污水治理小微湿地建设中，需要根据场地条件，充分利用地形地貌，设计小微湿地形态与水文连通过程。每个乡村水体污染来源不一、污染物成分比例不同、污水处理工艺有差异。根据乡村生活污水水质、水量、场地等情况，将稳定塘、潜流湿地、表流湿地等多种小微湿地单元进行有机组合。根据不同场地条件，合理利用地形，在乡镇污水处理厂与河流水体附近建设污水治理小微湿地。

2）自然的自我设计策略（Self-design Strategy with Nature）

顺应自然规律，尊重自然过程，建立一个具有自组织、自我维持以及自我设计能力的小微湿地生态系统。长期发挥净化功能的同时，维持本地物种稳定生存，在较少人为干预下达到近自然小微湿地的良性循环。

3）多样性与乡土性结合策略（Combining Diversity and Locality Strategy）

在乡村污水治理小微湿地设计中，充分考虑生物多样性恢复与提升。小微湿地植物种类较为多样，可增加乡村生境类型的多样性。在不影响净化水质功能的前提下，通过多种小微湿地生境营造，将不同小微湿地单元组合成复合生境结构，促进生物多样性保育。在配置植物时，尽量选择本土且具有净化功能的乡土植物。

4）多功能耦合设计策略（Multifunctional Coupling Design Strategy）

以净化水质为主导功能，同时满足生物多样性保育、水源涵养、雨洪调控、调节小气候、美化景观等功能，将多功能进行耦合设计。

12.2.2　设计目标

结合场地具体情况，灵活利用场地地形及水资源条件，建设持续削减污染、生物多样性丰富、景观形态优美的乡村污水治理小微湿地系统，打造乡村污水治理与生态系统保护修复有机结合的乡村小微湿地样板。

12.3　设计技术与营建实践

12.3.1　设计技术框架

根据乡村生活污水情况、自然环境状况和经济社会条件，从要素、结构、功能三方面，提出乡村污水治理小微湿地设计技术框架（图 12-5）。

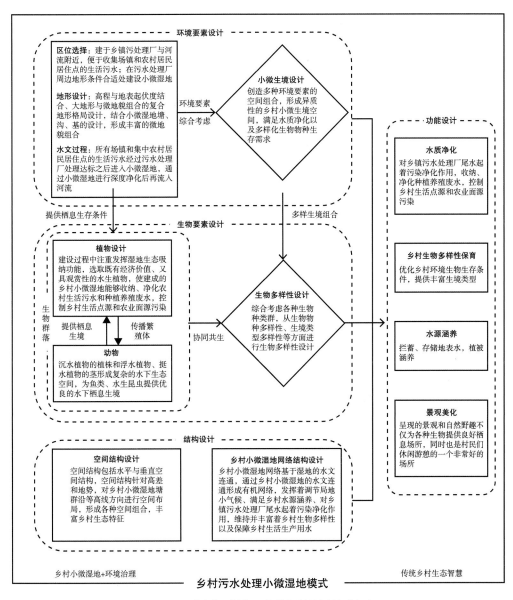

图 12-5 乡村污水治理小微湿地设计技术框架

12.3.2 营建实践

1）综合要素设计

（1）地形设计

竹山镇乡村污水治理小微湿地位于安丰社区，是明月山中的山间坝子，被山体、森林和农田环绕，东侧为一小溪流，北侧紧靠着场镇。建设区域内部高差不大。从场镇住区一侧，沿等高线分布，设计多个湿地塘。在临近场镇住区一侧高程较高处设置静置塘（净化塘），沿等高线设计多个表流湿地（湿地塘），形成用于生活污水经处理后的尾水治理提标、深度净化的小微湿地群（图12-16）。部分表流湿地内部设计营建小型生境岛，为鸟类提供栖息和庇护环境。小微湿地最后与小河溪连通，污水处理厂的尾水经多个小微湿地塘，最后流入七涧河。湿地塘的形态均考虑高程差异和地表起伏的结合。在每个小微湿地内部，保持其底部起伏度，结合塘、基的设计，形成多种微地貌组合，增加小生境类型，为鱼类及底栖无脊椎动物提供栖息场所，也可进一步增强湿地塘内水体的物理自净和生物自净能力。

图 12-6　塘、基单元构成多种微地貌组合的小微湿地群

云龙镇三清村乡村污水治理小微湿地因受场地条件的约束，采用净化湿地塘＋线性生物沟结构。由于净化湿地塘所在区块面积不足以对污水处理厂出水的尾水进一步净化处理，即容量不足；而与三个尾水湿地塘相连处，东侧为农田，西侧为道路，道路紧邻龙溪河，只有滨河道路和农田之间有一狭长带状区域可用于建设小微湿地。因此，与三个尾水湿地塘相连，设计长约1 500 m的回形针形态的线性生物沟。三个尾水湿地塘的高程高于生物沟，因此生物沟走向为从湿地塘起始，从北到南，流到南端再折返，形似双回路。两条线性生物沟走向与河岸平行，一高一低，与尾水湿地塘相连的生物沟位于高处，而折返的生物沟位置较低，经生物沟进一步深度净化后的尾水直接进入龙溪河。生物沟南端回流处是一个回水塘。线性双回路生物沟的设计，充分考虑了场地高程和用地条件（图12-17），设计回水塘与两条平行的生物沟，增加了尾水在小微湿地内的沉淀净化时间。

图 12-7　云龙镇双回路生物沟与龙溪河河岸平行

（2）基底结构设计

污水治理小微湿地的基底是植物生长的载体，同时在污水净化过程起着过滤、沉淀、吸附污染物等作用。在设计中应考虑基质的种类、粒径和厚度三方面。针对乡村污水中有机污染物较多的情况，选择用土壤、细沙、砾石等多种基质。场地内的塘、沟，基底均以黏土防渗，上覆壤土。基质粒径大小不一，根据整体水体净化要求应用于场地内。基质厚度决定着湿地尾水净化效果，设计在确保尾水净化目标的前提下，满足所栽种的植物种类及根系生长要求。湿地基质也是微生物的着生场所，利用不同类型的基质满足微生物的生存要求。

（3）水文设计

两个项目小微湿地的水源均为污水处理厂经处理后达标排放的尾水，尾水出水先流至湿地净化塘。湿地净化塘具有一定深度，种植沉水植物、浮水植物、挺水植物，通过植物的根系和根周微生物群对尾水进行深度净化。竹山镇场镇污水处理后排放的尾水，在经过净化塘后，逐级流入多个表流湿地（图 12-8）。每个表流湿地面积约 2 000 m²，湿地边岸种植水生植物。尾水在此进一步沉淀，经植物根系吸收、降解，根周和土壤基质中的微生物进一步分解，水质得到进一步净化，最后排入七涧河。

云龙镇三清村尾水净化小微湿地的净化湿地塘共有 3 个（图 12-9），面积共约 3 000 m²，净化湿地塘逐个连通。尾水经过净化湿地塘处理后，流入长度约 1 500 m、宽度约 1 m 的生物沟。沟内栽植美人蕉（*Canna indica*）等水生植物（图 12-10），沟的坡岸种植观赏植物。尾水经生物沟从北流至南端的回水塘，经回水塘静置后折返入另一条平行的生物沟（图12-11）。如此，尾水经净化湿地塘、双回路生物沟、回水塘净化后，最终排入龙溪河。

图 12-8　竹山镇串联的表流湿地

图 12-9　云龙镇三清村正在建设的尾水治理净化湿地塘

（a） （b）

图 12-10 云龙镇三清村生物沟内栽植美人蕉等水生植物

图 12-11 云龙镇三清村乡村生活污水处理后的尾水经双回路生物沟净化

（4）生物多样性设计

针对乡村污水处理厂排放的尾水净化需要，结合地形地貌，将物种筛选、配置、群落营建及多样化生境设计有机结合。物种筛选主要是针对植物，植物选择遵循乡土植物优先原则，选取净化效果好、根系发达并具有优良景观效果的湿生植物（表 12-1）。岸边种植的乔木有池杉（*Taxodium distichum* var. *imbricatum*）、旱柳（*Salix matsudana*）、红枫（*Acer palmatum*）、桃（*Prunus persica*）等；灌木有蔷薇（*Rosa* sp.）、红叶石楠（*Photinia fraseri*）等；生物沟边坡上少量种植部分观赏性草本植物。湿生植物中，挺水植物包括石菖蒲（*Acorus gramineus*）、水葱（*Scirpus validus*）、黄花鸢尾（*Iris wilsonii*）、慈姑（*Sagittaria trifolia var. sinensis*）、香蒲（*Typha orientalis*）、美人蕉（*Canna indica*）、灯心草（*Juncus effusus*）、千屈菜（*Lythrum salicaria*）、莲（*Nelumbo nucifera*）等，浮叶植物包括睡莲（*Nymphaea tetragona*）、荇菜（*Nymphoides peltata*）等；沉水植物包括苦草（*Vallisneria natans*）、菹草（*Potamogeton crispus*）等。

表 12-1 乡村污水治理小微湿地植物种类筛选

生活型	植物名称	功能	习性需求
沉水植物	苦草、菹草、金鱼藻	削减氨氮，为鱼类、无脊椎动物等提供栖息和庇护场所	着生水底，植株全部沉没水下
挺水植物	香蒲、水葱、慈姑、菖蒲、美人蕉、千屈菜	削减水中的总氮和总磷，观赏，为水生昆虫提供栖息场所	着生水底，茎、叶大部分挺伸出水面以上
浮叶植物	睡莲、菱	削减水中的总磷，去除 COD，观赏	着生水底，叶漂浮水面

通过具有净化与观赏功能的乡土植物物种的筛选及种植，形成小微湿地优良的植物群落结构；再结合陆生和湿地生境的设计，吸引昆虫、两栖类与鸟类等动物，从而丰富小微湿地营建区域的生物多样性。

在乡村污水治理小微湿地建设中，运用植物季相变化丰富景观层次。竹山镇在尾水治理小微湿地的岸坡上种植多种桃花，结合常绿阔叶树种，呈现出四季多彩的生机勃勃景观（图 12-12）。云龙镇三清村尾水治理小微湿地的生物沟，分春、夏、秋、冬四个区段，结合具有季相变化的蔷薇（*Rosa* sp.）、红枫（*Acer palmatum* 'Atropurpureum'）等植物，形成四季美景（图 12-13）。

（a）　　　　　　　　　　　　　　　（b）

图 12-12 竹山镇尾水治理小微湿地的春季季相色彩

图 12-13　云龙镇生物沟的植物景观

在小微湿地系统中，水生植物的根系是微生物的附着基质。植物根系的输氧，可以提升微生物的新陈代谢和繁殖速率。沉水植物的植株和浮水植物、挺水植物的根茎形成复杂的水下生态空间，为水生昆虫、鱼类提供了优良的水下栖息生境。挺水植物的茎干与叶，则是蜻蜓、鸟类等动物的栖息、觅食场所。挺水植物根系生长的湿润土壤以及叶下区域，是两栖动物的觅食与庇护空间。小微湿地所形成的多样性小微生境类型，与各种植物群落的结合，为多种动物提供了栖息生境，从而丰富了场地的生物多样性。

2）结构设计

（1）空间结构设计

空间结构包括场地空间结构和单个小微湿地单元的空间结构。场地结构沿着等高线，使净化湿地塘、表流湿地、生物沟等要素构成各种空间组合，使尾水得到充分净化，然后进入受纳水体。单个小微湿地单元根据净化功能的不同，设计成不同形态，相互串联组合。同时，对各小微湿地要素进行水平方向上的镶嵌组合，垂直方向上则以不同生活型的植物构成分层的立体结构。

（2）网络结构设计

网络结构设计包括乡村生态网络构建和小微湿地网络连通设计。乡村污水治理小微湿地生态系统依存于乡村整体生态网络中，不同要素与生物在乡村空间上相互镶嵌组合。收集场镇及集中农村居民点的生活污水，经污水处理厂处理后，其尾水再经小微湿地深度净化，最后排入自然水体。乡村污水治理小微湿地是乡村生态网络的有机组成部分，发挥着净化水质、涵养水源、维持并提升乡村生物多样性等生态功能。

构建污水治理小微湿地网络，最关键的是水文连通。水文连通与生物地球化学循环紧密关联，也是净化效果发挥的核心。污水治理小微湿地除了接收净化尾水，还承接着乡村居住区、道路、农田、山林的汇水。所有汇水经净化塘、表流湿地、生物沟，最后排入河溪，形成污水治理小微湿地网络。

3）功能设计

乡村污水治理小微湿地功能设计，主要包括以下四个方面：

（1）水质净化

静化塘、表流湿地、生物沟各湿地要素，沿着高程、地形合理分布，增加了污水滞留时间。湿地植物的成长和繁殖可吸收氮、磷等；茎、叶可过滤较大粒径的悬浮固体；根系分泌有机物，增强硝酸盐去除效果。地形与植物耦合，对乡镇污水处理厂尾水起着深度净化作用。

（2）乡村生物多样性保育

随着城镇化进程的快速推进，乡村土地利用强度增加，多种因素对乡村生物多样性造成严重威胁。乡村污水治理小微湿地创造了丰富的生境空间，使得小微生境类型多样，优化了生物生存条件，为乡村生物多样性保护提供了保障。

（3）水源涵养

乡村污水治理小微湿地处理尾水，以及汇集周边乡村、道路、农田、山林的径流，经净化湿地塘→表流小微湿地→生物沟→河溪，结合湿地植物、塘基上的乔、灌、草，可净化水质，发挥拦蓄、储蓄地表径流、调控雨洪等功能。

（4）景观美化

乡村污水治理小微湿地不仅为各种生物提供了良好栖息场所，其优美的景观也可满足乡村居民休闲、观赏、游憩的需求。

12.4 效益评估

12.4.1 生态效益

竹山镇、云龙镇的乡村污水治理小微湿地建成后，尾水经过多层小微湿地净化，小微湿地内的微生物分解以及植物吸收尾水中的 NH_3-N、TP、COD_{cr} 等污染物，水质得到进一步净化（图 12-14）。云龙镇场镇尾水经小微湿地净化后，最终排出的水（图 12-15）可达到地表水Ⅲ类水标准，乡村水环境质量明显提高。

（a）　　　　　　　　　　　　　　（b）

图 12-14　竹山镇经小微湿地净化后的尾水排入七涧河

图 12-15　云龙镇场镇尾水经小微湿地净化后排入龙溪河

乡村污水治理小微湿地提高了乡村水环境质量，优化了乡村人居环境（图 12-16），使得乡村动植物种类增加，生物多样性得到保护，成为乡村生命乐园。此外，乡村污水治理小微湿地也发挥了调节局地小气候、雨洪管理等生态服务功能。

（a）　　　　　　　　　　　　　　（b）

图 12-16　竹山镇尾水治理小微湿地优化了乡村人居环境

12.4.2　景观效益

乡村污水治理小微湿地不仅为各种生物提供了良好栖息生境，所呈现的优美景观和自然野趣也是乡村居民和游客共享的优良绿意空间（图12-17，图12-18）。

（a）　　　　　　　　　　　　　　　　（b）

（c）　　　　　　　　　　　　　　　　（d）

图 12-17　竹山镇污水治理小微湿地成为优良的乡村绿意空间

（a）　　　　　　　　　　　　　　　　（b）

（c）　　　　　　　　　　　　　　　（d）

图 12-18　云龙镇线性污水治理小微湿地成为龙溪河的亮丽风景线

12.5　总结

乡村生活污水治理是乡村人居环境改善的重要内容，也是实施乡村振兴战略的重点任务。兼具多功能效益的乡村污水治理小微湿地生态系统，环保经济、低碳便捷，有效解决了乡村水环境问题，也为源头流域水环境保护提供了模式和借鉴。本研究针对场镇污水处理厂的尾水，利用乡村地形条件，构建小微湿地群。同时，小微湿地丰富了生境类型，使乡村生物多样性得到有效保护和提升，对乡村雨洪管理、景观美化也起到了重要作用，乡村居民与游客在此享受到优良绿意空间带来的幸福美感。乡村污水治理小微湿地是梁平区推动落实"全域治水，湿地润城""乡村小微湿地 +"的样板，为乡村小微湿地保护与修复营建提供了科学参考和技术范式参照，推动了乡村人居环境治理，助力了乡村绿色发展和生态振兴。

乡村污水治理小微湿地是可推广的乡村污水治理模式，下一步的工作还需要探索不同区域、不同自然和经济社会条件下乡村污水治理小微湿地设计营建的关键技术，形成可复制、可推广的成套技术体系，进一步筛选污染净化效果好、成本低、景观效果优良且具有经济效益的湿地植物，优化相关工艺参数，探讨污水治理小微湿地与乡村人居环境优化协同共生的有效路径。

第 13 章

宜居"丘－塘－林－田－居"
——乡村林盘小微湿地

　　乡村景观是有机演进的文化景观。在漫长的农耕文明中，中国人持续不断地以自己的方式兴修水利、开垦农田、建设村落，在广大乡村区域形成了由自然生态空间、农业生产空间、聚落生活空间有机交融的乡村景观。我国国土面积广阔，由于地形地貌、气候条件不同，在不同地理区域形成了各具特色的乡村景观。在西南山地丘陵区域，乡村景观受地形影响，层次丰富，形成了丘陵山地构成的自然景观、生产性田地构成的农业生产景观及顺应山势地形的人居聚落景观，以及三者镶嵌组合的山地丘陵乡村景观。

　　西南山地丘陵地区农家院落和周边高大乔木、竹林、河流及外围耕地等自然环境有机融合，形成乡村林盘这一典型的乡村人居环境结构单元。其中，小微湿地要素在乡村林盘广泛存在，既包括聚落中的风水塘、引水排水沟渠、井、泉等，也包括聚落周边的水田、小型河溪等。可以说，乡村地区的人居生活用水及排水、农业生产灌溉用水及排水，高度依赖于一个由沟、渠、塘、堰、井、泉、溪等要素组合而成的结构完整、功能完善的乡村小微湿地网络。

　　由于缺乏对乡村在地文化景观价值的认知，在快速城镇化和现代农业发展进程中，大量有价值的乡村景观已消失或濒临消失。出于经济发展的需要，传统的可持续乡村生活方式被逐渐淘汰。乡村居民生活污水直排、生活垃圾随意堆放、过度使用农药化肥等，使得农村塘、田、沟、渠、堰、井、溪等这些小微湿地被严重污染，生态环境问题突出。

　　在西南丘区，乡村林盘以"丘-塘-林-田-居"形态存在，作为丘区典型的结构和功能单元，融生产、生活、生态空间于一体。由于人们对这个结构单元认识的不足，以及对与这种结构单元相依相伴的小微湿地缺乏认识，导致丘区的"丘-塘-林-田-居"结构单元濒危、消失，与之相关的小微湿地系统受到破坏或被严重污染。如何恢复丘区"丘-塘-林-田-居"乡村林盘景观，修复重建乡村林盘小微湿地网络，是乡村生态振兴的迫切任务。

　　本章以梁平区安胜镇"丘-塘-林-田-居"乡村林盘与小微湿地修复重建为例，结合区域内"丘-塘-林-田-居"生境格局，修复重建与丘区林盘相关的各类小微湿地，探讨"丘-塘-林-田-居"与小微湿地网络的相互关系及作用机理，传承传统乡村生态理水智慧，营建宜居的"丘-塘-林-田-居"乡村景观。

13.1 研究区概况

研究区位于梁平区安胜镇(图 13-1),地处梁平区西北部,东连梁山街道、双桂街道、南邻仁贤镇,西接明达镇,北依城北乡,距梁平城区 6 km。安胜镇地势东南低、西北高;境内最高点位于并坝村钟家垭口,海拔 713 m;最低点位于金平村金马嘴,海拔 276 m。安胜镇境内河流为龙溪河,横穿金平、龙印、梁盐等村。安胜镇有耕地面积 2.23 万亩,以水田为主。

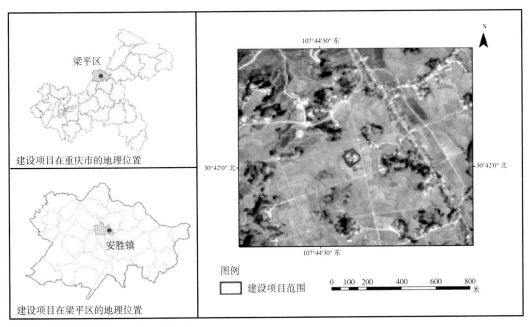

图 13-1 建设项目地理位置

乡村林盘小微湿地核心建设区域是安胜镇小微湿地与乡村民宿项目——"碗米"林盘。"碗米"林盘位于安胜镇印屏山下的龙印村。龙印村是渝东北地区典型的丘陵区域乡村,土地肥沃,气候温和,四季分明,自然灾害较少,盛产水稻、花生、豆类,经果林以柚子、柑橘为主,养殖业以鸭、鹅、淡水鱼为主,自然植被由短刺米槠(*Castanopsis carlesii var. spinulosa*)、马尾松(*Pinus massoniana*)、柏木(*Cupressus funebris*)林和竹林组成,农家院落和周边高大乔木、竹林、稻田、河流等农耕及自然环境有机融合,形成渝东北独具特色的"丘－塘－林－田－居"乡村景观。由于该地离梁平城区近,在快速城镇化和农业现代化进程中,受到了较强的人为干扰,包括各级道路硬化建设对乡村生境的影响及分割,土地整治过程中对农田的条块化、规则化的处理,以及乡土特色建筑的消失和相伴生的各种小微生境的丧失。

"碗米"林盘聚落占地面积约 3 000 m²,由当地闲置的村民民房改造而成,以传统的"丘－塘－林－田－居"林盘风格建设。2019年开始进行"碗米"林盘及其小微湿地的设计，以生态系统整体设计理念为指导，融乡村小微湿地景观、稻田湿地景观和特色民宿为一体，2019年10月建成茂林修竹、依山傍田、柚树环塘、"塘-渠-沟-田"围聚乡村的"丘－塘－林－田－居"乡村林盘景观（图13-2）。

图 13-2　安胜镇"碗米"林盘整体鸟瞰

13.2　策略与目标

13.2.1　设计策略

发掘丘区传统聚落水网结构，传承丘区聚落水生态智慧，综合考虑乡村水质净化、生物多样性保育、景观品质优化、乡村民宿及旅游经济发展等功能需求，提出了"丘－塘－林－田－居"林盘小微湿地生态系统设计的 ICID 策略。

1）整体性设计策略（Integrated Design Strategy）

中国人居环境营造思想的核心就是环境的整体观。丘区乡村是一个有机统一的景观整体，由多要素共同构成，包括环境要素、生物要素。在"丘－塘－林－田－居"及其小微湿地设计中，应秉持系统思维，注重各要素关联形成的整体，构建"丘－塘－林－田－居"整体生态系统。

2）协同设计策略（Collaborative Design Strategy）

注重"丘－塘－林－田－居"各要素之间的协同共生关系，对"丘－塘－林－田－居"及其小微湿地的设计，不是孤立地设计各要素，而是将各要素进行耦合关联设计，注重协同效应。

3）在地性设计策略（In-site Design Strategy）

在地设计指基于场地现状，进行因地制宜的适应性设计。对丘区乡村景观来说，遵循在地性策略，意味着充分尊重场地现状，包括地形、生物资源、水资源等，设计营建连接历史与现实的乡土景观，成为丘区在地精神的载体。

4）多样性设计策略（Diversity Design Strategy）

运用沟、渠、塘、田、井多种类型、多样尺度的小微湿地要素，营建具有多种功能的乡村林盘景观，提供生物多样性保育、文化多样性传承的乡村载体。

13.2.2　设计目标

围绕以丘区林盘为主的聚落景观建设，通过林盘小微湿地网络建设，在满足原住民健康生存需求的同时，发展乡村特色民宿和生态旅游，丰富和提升乡村生物多样性，采用人居聚落与小微湿地有机融合的"丘－塘－林－田－居"创新模式，建设"生产－人居－生境"复合系统，促进乡村生态振兴。

13.3　设计技术与营建实践

13.3.1　设计技术框架

基于场地本底条件和设计目标，提出乡村林盘小微湿地的设计技术框架（图13-3）。

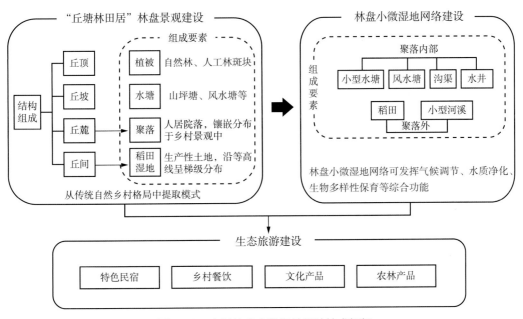

图13-3　乡村林盘小微湿地设计技术框架

13.3.2 营建实践

1）"丘－塘－林－田－居"林盘景观建设

"丘－塘－林－田－居"是丘区乡村人居系统、生产系统与小微湿地系统的耦合体（图13-4，图13-5）。按照地形高程，一般可把山丘分为丘顶、丘坡、丘麓和丘间。通常人居聚落位于丘麓，房前屋后被林木包绕；丘间为"冲田"，种植水稻或者其他湿地作物、湿地蔬菜，为典型的丘间湿地；丘坡上是典型的梯田或旱坡地，在丘坡或丘顶有时修筑有山坪塘。在聚落单元的房前屋后有水塘分布，并与沟渠相连，水塘与冲田相连；丘区的水塘有多种形态，位置各异。位于丘顶或丘坡以及冲田上部的水塘，主要满足聚落用水和农业耕种用水需求，起着供水调控作用；而在冲田下部或聚落旁边的水塘，则起着污染净化作用，以及在雨洪季节起着滞洪缓流作用。

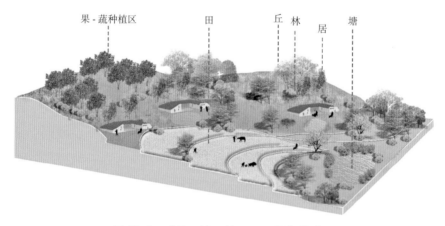

图13-4 "丘－塘－林－田－居"模式图

图13-5 梁平区龙印村典型的"丘－塘－林－田－居"乡村景观

　　丘区湿地通常是以丘坡、丘顶、丘麓围合丘间水塘、丘间湿洼地、丘间沼泽而形成，这样的湿地单元典型地重复出现在丘陵区域，并与丘区林盘紧密相连。

　　"丘－塘－林－田－居"中的"林"包括自然林与生产性人工林，是乡村生物多样性的种源地。乡村区域常常在聚落周围种植高大乔木林及竹丛作为风水林，同时起到安全防护的作用（图 13-6）。本设计研究充分考量"丘－塘－林－田－居"各要素的空间关系，维持丘区乡村林盘典型景观单元结构。

图 13-6　"碗米"林盘周围的林木

2）林盘小微湿地网络建设

　　逐水而居是乡村人居选址的传统。古人凿井挖塘，建造井和水塘，用以获取及储蓄水；修造沟渠，用以输送水；建造水田，用于农业耕种。沟、渠、塘、田、井形成乡村小微湿地系统。"丘－塘－林－田－居"中，与聚落紧密关联的小微湿地要素主要包括宅院内或宅院前的风水塘、房前屋后用于引流排水的沟渠（出露称为阳沟，埋在地下称为阴沟）、水井等。

　　在梁平区安胜镇龙印村乡村林盘小微湿地设计营建中，提出整合及优化以塘为核心的"沟、渠、塘、堰、井、泉、溪、田"各要素，由乡村水塘、井、溪、沟渠、田组合形成乡村小微湿地群。

　　梁平安胜镇的水塘分散分布于林盘聚落周边、农田及河流两岸。水塘空间分布格局影响着区域水资源分配，为方便村民取用水及排水，水塘常位于房前屋后。由此，水塘与聚落形成不同的组合形式，包括边缘式、内嵌式和穿插式，"碗米"林盘水塘与聚落的组合形式是典型的内嵌式（图 13-7、图 13-8）。

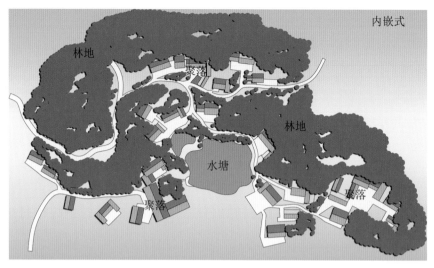

图 13-7 "碗米"林盘水塘与聚落的内嵌式组合形式

图 13-8 内嵌于"碗米"林盘聚落内的水塘

在"碗米"小微湿地网络建设中，充分尊重已有的地形条件和院落格局，对已有的水塘进行形态梳理，对塘底地形及底质进行优化处理，重建水塘植被。对林盘聚落内现有的风水塘进行塘底地形重塑，优化塘内及塘周植被，塘内种植黄花鸢尾（*Iris flavissima*）、泽泻（*Alisma orientalis*）、千屈菜（*Lythrum salicaria*）、水葱（*Scirpus validus*）、菖蒲（*Acorus calamus*）等挺水植物，以及四叶萍（*Marsilea quadrifolia*）、萍蓬草（*Nuphar pumila*）、荇菜（*Nymphoides peltata*）等浮水植物，塘底种植黑藻（*Hydrilla verticillata*）、苦草（*Vallisneria natans*）、眼子菜（*Potamogeton distinctus*）等沉水植物，在净化风水塘水质的同时，为生物提供优良生境，优化景观品质。塘岸以乡土草本植物的自然萌发为主，抛置少量石块以增加边岸空间异质性（图 13-9）。

图 13-9　"碗米"林盘聚落内风水塘的植被

　　修建环绕林盘的沟渠（图 13-10），将沟渠引入林盘内部（图 13-11），通过沟渠将林盘内部的风水塘及周边的水塘连成有机网络。对现有沟渠进行优化改造，种植少量湿生植物，形成形态自然的线性生物沟，以发挥其污水过滤、水质净化及景观美化作用。

图 13-10　林盘周边的生物沟

图 13-11　林盘聚落内部的生物沟

　　注重聚落内小微湿地与周边稻田湿地的水文连通，整体形成"依山傍田，柚树环塘，沟渠相连，梯田环绕"的格局（图 13-12）。以稻 – 鱼共生、稻 – 鸭共生、稻 – 鸭 – 鱼共生、稻 – 蟹共生、稻 – 虾共生等一系列共生型稻作形态，提高单位面积土地产出，丰富乡村生境类型（图 13-13）。

图 13-12　林盘周边的稻田湿地

图 13-13 林盘周边的稻 – 鸭共生系统

为发展乡村民宿，将与湿地相关的传统农耕文化与林盘建设有机结合，将各类文化小品置入林盘中（图 13-14）。

图 13-14 "碗米"林盘入口处小型雨水塘和农耕文化小品

3）乡村生境网络及"生产 – 人居 – 生境"复合系统建设

围绕以"丘 – 田 – 林 – 塘 – 居"为主的聚落景观建设，使聚落"四旁"的林 – 草结构成为昆虫及鸟类栖息的场所，院落内及周边的水塘、沟渠等小微湿地成为水生昆虫、鱼类和两栖动物的栖息生境；在聚落与稻田、耕地之间营建线性沟渠、野花草甸带、篱笆等线性生境廊道，构建乡村生境网络。通过实施生物多样性友好的乡村林盘景观设计营建，构建丘区乡村"生产－人居－生境"复合系统，在满足乡村原住民健康生存需求的同时，维持和丰富乡村生物多样性，实现以生物多样性保育为目标的乡村生态振兴。

4）乡村民宿与生态旅游发展

梁平区自古以来便以物产丰富、产业兴旺著称，正如"四面青山下，蜀东鱼米乡；千家竹叶翠，百里柚花香"中所描述，青山环绕下的梁平丘区坝子盛产粮食、蔬果、竹木，被诗人陆游赞为"都梁之民独无苦，须晴得晴雨得雨"。

在全面推进乡村振兴过程中，将小微湿地元素融入乡村民宿建设，提出并创建"小微湿地＋乡村民宿建设"发展模式（图 13-15），注重将小微湿地与乡村民宿有机结合。如今，梁平区安胜镇印屏山下已建成了多处以小微湿地＋"丘－塘－林－田－居"为特色的乡村民宿（图 13-16），提升了小微湿地生态附加值，将乡村聚落建设与民宿旅游发展结合起来。在保持"丘－塘－林－田－居"丘区乡村景观风貌的基础上，充分发挥小微湿地的生态功能，让其成为乡村精神的重要载体。

图 13-15 "碗米"林盘原有农房改造成的民宿

图 13-16　梁平区安胜镇以小微湿地＋"丘－塘－林－田－居"为特色的乡村民宿

13.4　效益评估

13.4.1　生态效益

在梁平区安胜镇乡村林盘小微湿地建设中，"碗米"林盘及小微湿地网络，通过涵养水源、提升生物多样性、调节局地气候、美化乡村景观等，发挥了重要的生态服务功能，产生了明显的生态环境效益。

"碗米"林盘竹木环绕，是一个重要的乡村生物多样性保育单元，作为乡村生物的种源地，不仅是昆虫、鸟类、小型兽类栖息的场所，而且也是该区域鸟类等生物迁移的生境"踏脚石"（图 13-17）。以林盘小微湿地为核心的乡村"生产－人居－生境"复合系统的构建，在满足印屏村原住民生产、生活需求的同时，维持和丰富了乡村生物多样性，实现了以生物多样性保育为目标的乡村生态振兴。

以小微湿地为核心的"丘－塘－林－田－居"结构，既是一个乡村雨洪管理单元，也是一个乡村污染控制单元。围绕林盘的沟、渠、塘、田小微湿地网络，以塘、堰储水蓄水调水，以沟、渠排涝排洪利水，发挥了沟、渠、塘、田相互连通的乡村雨洪管理系统的雨洪调控作用。与"丘－塘－林－田－居"相关联的小微湿地网络，发挥了以塘为主的小微湿地的污染净化作用。

林盘外部的层层梯田以及内部的小微湿地，不仅能有效防治水土流失，更有利于净化污染，调节小气候，保护生物多样性。稻田湿地中青蛙、黄鳝和各种昆虫生活其间。

图 13-17　"碗米"林盘既是雨洪调控单元，也是野生生物的种源地和踏脚石

13.4.2　景观效益

"碗米"林盘有翠竹林木相拥（图 13-18），田舍相望（图 13-19），山丘错落，青砖灰瓦，条石小径，"丘－塘－林－田－居"与小微湿地网络的有机融合，大大提升了乡村景观的品质，改善和优化了乡村人居环境，呈现了乡村优美的田园风情，成为乡村精神的载体和寄托。

图 13-18　安胜镇翠竹林木相拥的林盘民宿

图 13-19 安胜镇田舍相望的优美乡村景观

13.4.3 经济效益

林盘小微湿地要素的恢复重建，提升了乡村聚落组团的景观魅力。基于传统乡村聚落格局打造设计的民宿独具特色，吸引了大量游客来此观光、休闲，感受乡村景观的魅力，带动了乡村经济发展。"碗米"林盘小微湿地的建设，带动周边乡村，发展一系列与民宿相伴生的小微湿地建设模式。在发展乡村民宿的同时，结合稻作产业特色，在林盘内设置稻米和其他湿地产品展厅，产生了明显的经济效益。

13.5 总结

"丘－塘－林－田－居"乡村景观格局的恢复与乡村林盘小微湿地的修复重建，是小微湿地保护修复与乡村振兴、农村人居环境综合整治的深度融合。安胜镇"碗米"林盘＋小微湿地的设计营建实践，充分说明了挖掘传统乡村小微湿地要素，根据场地原生条件进行针对性的乡村小微湿地网络修复重建，可为乡村生态振兴提供助力。梁平区以"小微湿地＋生态产业"的模式，结合乡村产业振兴，利用小微湿地推广"水八仙"种植，培育了一批湿地生态产业。配合生态渔业发展，建成一批塘、堰湿地，增添了乡村小微湿地元素，发展了乡村生态渔产业。以"湿地＋环境治理"模式，注重发挥丘区沟、塘、渠、堰、井、泉、溪、田等小微湿地生态环境效应，涵养境内80万亩稻田。如今，乡村"小微湿地＋"已成为梁平这个国际湿地城市一张亮丽的生态名片。

在今后的研究中，应进一步总结乡村小微湿地在乡村人居环境系统中的作用及其实现机制，创新研发一系列小微湿地＋乡村人居环境模式，开展乡村小微湿地建设与乡村绿色发展协同的机制与路径研究，助力乡村以小微湿地为代表的优良生态本底的生态价值转化。

参考文献

［1］ De Montis A, Caschili S., Mulars M, et al.. Urban-rural ecological networks for landscape planning ［J］. Land Use Policy, 2016, 50, 312-327.

［2］ Antrop M. Landscape change, Plan or chaos? ［J］. Landscape and Urban Planning, 1998, 41（3/4）: 155-161.

［3］ Biggs J, Von Fumetti S, Kelly-Quinn M. The importance of small waterbodies for biodiversity and ecosystem services, implications for policy makers ［J］. Hydrobiologia, 2017, 793（1）: 3-39.

［4］ Biggs J, Williams P, Whitfield M, et al. 15 Years of Pond Assessment in Britain, Results and Lessons Learned from the Work of Pond Conservation ［J］. Aquatic Conservation, Marine and Freshwater Ecosystems, 2005, 15（6）: 693-714.

［5］ Biggs J, Williams P, Withfield M, et al. Ponds, pools and lochans, Guidance on good practice in the management and creation of small waterbodies in Scotland, 2000. http, // www. europeanponds. org/publications/documents-on-ponds/.

［6］ Biggs, J. , P. Williams, M. Whitfield, P. Nicolet, C. Brown, J. Hollis, D. Arnold & T. Pepper. The freshwater biota of British agricultural landscapes and their sensitivity to pesticides. Agriculture Ecosystems and Environment, 2007, 122: 137-148.

［7］ Bradbury, R B, Kirby W B. Farmland birds and resource protection in the UK, cross-cutting solutions for multi-functional farming? ［J］. Biological Conservation, 2006, 129（4）: 530-542.

［8］ Capps K A, Rancatti R, Tomczyk N, et al. Biogeochemical Hotspots in Forested Landscapes, The Role of Vernal Pools in Denitrification and Organic Matter Processing ［J］. Ecosystems, 2014, 17（8）: 1455-1468.

［9］ Chen W J, He B, Nover D, et al. Farm ponds in southern China, Challenges and solutions for conserving a neglected wetland ecosystem ［J］. Science of the Total Environment,

2019, 659, 1322-1334.

[10] Cheng F Y, Basu N B. Biogeochemical hotspots, Role of small water bodies in landscape nutrient processing [J] . Water Resources Research, 2017, 53 （ 6 ） : 5038-5056.

[11] Chester E T, Robson B J. Anthropogenic refuges for freshwater biodiversity, Their ecological characteristics and management [J] . Biological Conservation, 2013, 166: 64-75.

[12] Collinson N H, Biggs J, Corfield A, et al. Temporary and permanent ponds, An assessment of the effects of drying out on the conservation value of aquatic macroinvertebrate communities [J] . Biological Conservation, 1995, 74 （ 2 ） : 125-133.

[13] Dahl T E. Status and trends of prairie wetlands in the United States 1997 to 2009. U. S. Department of the Interior; Fish and Wildlife Service, Ecological Services, Washington, D. C., 2014.

[14] Davies B R, Biggs J, Williams P J, et al. A comparison of the catchment sizes of rivers, streams, ponds, ditches and lakes, implications for protecting aquatic biodiversity in an agricultural landscape [J] . Hydrobiologia, 2008, 597 （ 1 ） : 7-17.

[15] Davies S R, Sayer C D, Greaves H, et al. A new role for pond management in farmland bird conservation [J] . Agriculture, Ecosystems & Environment, 2016, 233: 179-191.

[16] Davis J A, Kerezsy A, Nicol S. Springs, Conserving perennial water is critical in arid landscapes [J] . Biological Conservation, 2017, 211: 30-35.

[17] Decout S, Manel S, Miaud C, et al. Integrative approach for landscape-based graph connectivity analysis, a case study with the common frog （ Rana temporaria ） in human-dominated landscapes [J] . Landscape Ecology, 2012, 27 （ 2 ） : 267-279.

[18] Deil, U. A review on habitats, plant traits and vegetation of ephemeral wetlands—a global perspective. Phytocoenologia, 2005, 35: 533–705.

[19] Draft resolution on conservation and management of small and micro wetlands, Submitted by China, Doc. SC54-21. 3, 2018.

[20] Duellman, W. E. and Trueb, L. Biology of amphibians [M] . New York, McGraw-Hill, 1986.

[21] EPCN. Pond Manifesto, www. europeanponds. org, 2008.

[22] Fang W T. A Landscape Approach to Reserving Farm Ponds for Wintering Bird Refuges in Taoyuan, Taiwan [D] . Texas, Texas A & M University, 2005.

［23］ Ferreira M, Wepener V, van Vuren JHJ. Aquatic invertebrate communities of perennial pans in Mpumalanga, South Africa, A diversity and functional approach. African Invertebrates, 2012, 53: 751-768.

［24］ Firth LB, Williams GA. The influence of multiple environmental stressors on the limpet Cellana toreuma during the summer monsoon season in Hong Kong. Journal of Experimental Marine Biology and Ecology, 2009, 375: 70-75.

［25］ Gao J, Wang R, Huang J. Ecological engineering for traditional Chinese agriculture—A case study of Beitang ［J］. Ecological Engineering, 2015, 76（1）: 7-13.

［26］ Garrett - Walker J, Collier K J, Daniel A, et al. Design features of constructed floodplain ponds influence waterbird and fish communities in northern New Zealand ［J］. Freshwater Biology, 2020, 12（65）: 2066-2080

［27］ Gilbert GK. Moulin work under glaciers. Geological Society of America Bulletin, 1906, 17: 317-320.

［28］ Goertzen D, Suhling F. Central European cities maintain substantial dragonfly species richness-a chance for biodiversity conservation? ［J］. Insect Conservation and Diversity, 2015, 8: 238-246.

［29］ Haycock, N. E. and Muscutt, A. D. Landscape management strategies for the control of diffuse pollution. Landscape and Urban Planning, 1995, 31: 313-321.

［30］ Hunter M L Jr., Acuña V, Bauer D M, Bell K P, et al. Conserving small natural features with large ecological roles, A synthetic overview ［J］. Bioligucak Conservation. 2017, 211: 88-95.

［31］ Gibbs J P. Importance of small wetlands for the persistence of local populations of wetland-associtated animals ［J］. Wetlands, 1993, 13（1）: 25-31.

［32］ Jocqué M, Graham T, Brendonck L. Local structuring factors of invertebrate communities in ephemeral freshwater rock pools and the influence of more permanent water bodies in the region ［J］. Hydrobiologia, 2007, 592（1）: 271-280.

［33］ Jocqué M, Martens K, Riddoch B, et al. Faunistics of ephemeral rock pools in Southeastern Botswana ［J］. Archiv f ü r Hydrobiologie, 2006, 165（3）: 415-431.

［34］ Jocqué M, Vanschoenwinkel B, Brendonck L. Freshwater rock pools, A review of habitat characteristics, faunal diversity and conservation value ［J］. Freshwater Biology, 2010, 55（8）: 1587-1602.

［35］ Elmberg J, Nummi P, Poysa H, et al. Relationships Between Species Number, Lake Size and Resource Diversity in Assemblages of Breeding Waterfowl ［J］. Journal of Biogeography, 1994, 21（1）: 75-84.

［36］ Kömer C. The use of 'altitude' in ecological research ［J］. Trends in Ecology and Evolution, 2007, 22（11）: 569-574.

［37］ Lancaster J. Small-scale movements of lotic macroinvertebrates with variations in flow ［J］. Freshwater Biology, 1999, 41（3）: 605-619.

［38］ Lauer W. Human development and environment in the Andes, A geoecological overview ［J］. Mountain Research and Development, 1993, 13（2）: 157.

［39］ Lorenc M W, Barco P M, Saavedra J. The evolution of potholes in granite bedrock, W Spain ［J］. Catena, 1994, 22: 265-274.

［40］ Gioria M, Schaffers A, Bacaro G, et al. The conservation value of farmland ponds, Predicting water beetle assemblages using vascular plants as a surrogate group ［J］. Biological Conservation, 2010, 143（5）: 1125-1133.

［41］ Gioria M. Preface, conservation of european ponds-current knowledge and future needs ［J］. Limnetica, 2010, 29（1）: 1-8.

［42］ Martin S A. Blackwell and Emma S. Pilgrim. Ecosystem services delivered by small-scale wetlands ［J］. Hydrological Sciences Journal, 2011, 56（8）: 1467-1484.

［43］ Wacker M, Kelly N M. Changes in vernal pool edaphic settings through mitigation at the project and landscape scale ［J］. Wetlands Ecology and Management, 2014, 12: 165-178.

［44］ Agnoletti M. Rural landscape, nature conservation and culture, Some notes on research trends and management approaches from a（southern）European perspective ［J］. Landscape and Urban Planning, 2014, 126: 66-73.

［45］ Merriam G. Connectivity, a fundamental ecological characteristic of landscape pattern. Proc. Int. Assoc. Landsc. Ecol., 1984, 1: 5-15.

［46］ Millar J B. Shoreline-area ratio as a factor in rate of water loss from small sloughs ［J］. Journal of Hydrology, 1971, 14（3/4）: 259-284.

［47］ Notiswa L, Palmer C G, Nelson O O. Using a trait-based approach for assessing the vulnerability and resilience of hillslope seep wetland vegetation cover to disturbances in the Tsitsa River catchment, Eastern Cape, South Africa ［J］. Ecology and Evolution,

2020, 10（1）: 277-291.

［48］ Odum, R.R., Riddleberger, K.A. and Ozier, J.C. Georgia: Georgia Department of Natural Resources［M］. Atlanta, 1987, 234-241.

［49］ Ortega JA, Gómez-Heras M, Perez-López R, et al. Multiscale structural and lithologic controls in the development of stream potholes on granite bedrock rivers［J］. Geomorphology, 2014, 204: 588-598.

［50］ Raquel Ribeiro, Miguel A. Carretero, Neftalı, Sillero, Gonzalo Alarcos, Manuel OrtizSantaliestra, Miguel Lizana, Gustavo A. Llorente. The pond network, can structural connectivity reflect on（amphibian）biodiversity patterns? Landscape Ecol., 2011, 26: 673-682.

［51］ Richardson S J, Clayton R, Rance B D, et al. Small wetlands are critical for safeguarding rare and threatened plant species［J］. Applied Vegetation Science, 2015, 18（2）: 230-241.

［52］ Richter K O, Azous A L. Amphibian occurrence and wetland characteristics in the Puget-Sound basin［J］. Wetlands, 1995, 15（3）: 305-312.

［53］ Bolpagni R, Poikane S, Laini A, et al. Ecological and Conservation Value of Small Standing-Water Ecosystems, A Systematic Review of Current nowledge and Future Challenges［J］. Water, 2019, 11（3）: 402.

［54］ Rosset V, Angelibert S, Arthaud F, et al. Is eutrophication really a major impairment for small waterbody biodiversity?［J］. J. Appl. Ecol. 2014, 51: 415-425.

［55］ Russell K R, Guynn D C, Hanlin H G. Importance of small isolated wetlands for herpetofaunal diversity in managed, young growth forests in the coastal plain of South Carolina［J］. Forest Ecology and Management, 2002, 163: 43-59.

［56］ Troll C. Geoecology of the high-mountain regions of Eurasia［M］. Wiesbaden, Frang Steiner Verlag, 1972.

［57］ Wainwright J, Turnbull L, Ibrahim T G, et al. Linking environmental régimes, space and time, interpretations of structural and functional connectivity［J］. Geomorphology, 2011, 126: 387-404.

［58］ Wang J, Zhao Q, Pang Y, et al. Research on nutrient pollution load in Lake Taihu, China ［J］. Environmental Science and Pollution Research, 2017, 24（21）: 17829-17838.

［59］ Williams P, Whitfield M, Biggs J, et al. Comparative biodiversity of rivers, streams, ditches and ponds in an agricultural landscape in Southern England［J］. Biological Conservation, 2004, 115: 329-341.

［60］ Yu Y B, Hawley-Howard J, Pitt A L, et al. Water quality of small seasonal wetlands in the Piedmont ecoregion, South Carolina, USA, Effects of land use and hydrological connectivity［J］. Water Research, 2015, 73: 98-108.

［61］ Yuan Y X, Zhu X Y, Mushet D M, et al. Multi-element fingerprinting of waters to evaluate connectivity among depressional wetlands［J］. Ecological Indicators, 2019, 97: 398-409.

［62］ Downing J A, Prairie Y T, Cole J J, et al. The global abundance and size distribution of lakes, ponds, and impoundments［J］. Limnology and Oceanography, 2006, 51（5）: 2388-2397.

［63］ Battin T J, Luyssaert S, Kaplan L A, et al. The boundless carbon cycle［J］. Nature Geoscience, 2009, 2（9）: 598-600.

［64］ Yin C Q, Shan B Q. Multipond systems, a sustainable way to control diffuse phosphorus pollution［J］. AMBIO, A Journal of the Human Environment, 2001, 30（6）: 369-375.

［65］ Ibrahim Y A, Amir-Faryar B. Strategic Insights on the Role of Farm Ponds as Nonconventional Stormwater Management Facilities［J］. Journal of Hydrologic Engineering, 2018, 23（6）: 04018023.

［66］ Williams P., Whitfield M., Biggs J.. How can we make new ponds biodiverse? A case study monitored over 7 years［J］. Hydrobiologia, 2008, 597（1）: 137－148.

［67］ Wernick B G, Cook K E, Schreier H. Land use and streamwater nitrate-N dynamics in an urban-rural fringe watershed［J］. Journal of the American Water Resources Association, 1998, 34（3）: 639-650.

［68］ 山鹰, 张玮, 李典宝, 等. 上海市不同区县中小河道氮磷污染特征［J］. 生态学报, 2015, 35（15）: 5239-5247.

［69］ 卫伟, 余韵, 贾福岩, 等. 微地形改造的生态环境效应研究进展［J］. 生态学报, 2013, 33（20）: 6462-6469.

［70］ 马存琛, 华钰蓉, 陆明华. 基于生态发展角度的乡村景观研究进展［J］. 江苏林业科技, 2019, 46（1）: 49-52.

［71］ 马晓燕, 王玉宽, 傅斌, 等. 三峡库区典型流域塘库服务功能类型及空间分布［J］.

人民长江，2016，47（17）：36-41.

［72］王沛芳，王超，徐海波.自然水塘湿地系统对农业非点源氮的净化截留效应研究［J］.农业环境科学学报，2006，25（3）：782- 785.

［73］王玲玲，何丙辉，等.高植物篱技术研究进展［J］.中国生态农业学报，2003，11（3）：131-133.

［74］牛霞霞，袁兴中，贾恩睿，等.重庆梁平湿地文化保护与利用探析［J］.绿色科技，2021，23（2）：24-26.

［75］毛华松，张兴国.山地园林景观—重庆鹅岭礼园［J］.山地学报，2008，26（1）：55-60.

［76］毛战坡，王世岩，周晓玲，等.六岔河流域多水塘 - 沟渠系统中土壤养分空间变异特征研究［J］.水利学报，2011，42（4）：425-430.

［77］毛战坡，尹澄清，单宝庆，等.水塘系统对农业流域水资源调控的定量化研究［J］.水利学报，2003（12）：76-83.

［78］方绪彪，唐平.梁平县农村面源污染现状及防治对策［J］.现代农业科技，2012（22）：218，234.

［79］方精云，沈泽昊，崔海亭.试论山地的生态特征及山地生态学的研究内容［J］.生物多样性，2004，12（1）：10-19.

［80］尹澄清，单保庆，付强，等.多水塘系统，控制面源磷污染的可持续方法［J］.Ambio—人类环境杂志，2001，30（6）：369-375.

［81］可欣，于维坤，尹炜，等.小流域面源污染特征及其控制对策［J］.环境科学与技术，2009，32（7）：201-205.

［82］卢虹宇，袁兴中，王晓锋，等.塘生态系统结构与功能的研究进展［J］.生态学杂志，2019，38（6）：1890-1899.

［83］田学智，刘吉平.孤立湿地研究进展［J］.生态学报，2011，31（20）：6261-6269.

［84］田晶晶，蔡永立.黄浦江河岸带生态健康评价研究［D］.上海：华东师范大学，2015.

［85］冯凤娇，李季璇，唐轶凡，等.山地梯田湿地景观设计探讨：以瓮安水瓮田梯湿地公园景观设计为例［J］.山地农业生物学报，2016，35（5）：51-57.

［86］冯立胜，张维兵.谈坡地、堡坎绿化特色体现［J］.科技资讯，2013，11：138-139.

［87］冯智明.梯田观光稻作农耕与民族文化的互利共生——基于龙脊梯田四态均衡模式的考察［J］.湖北民族大学学报（哲学社会科学版）：2020，4：96-103.

［88］吕一河，陈利顶，傅伯杰.景观格局与生态过程的耦合途径分析［J］.地理科学进展，2007，26（3）：1-10.

［89］吕君丽，陈恩虎.明清时期巢湖流域水资源环境与塘坝兴修［J］.安徽史学，2014，2：162-168.

［90］吕明权.三峡库区池塘系统的环境效应及空间配置研究［D］.重庆，中国科学院大学（中国科学院重庆绿色智能技术研究院），2018.

［91］任全进，季茂晴，于金平.小微湿地的作用及营造方法［J］.现代农业科技，2015，13：225-226.

［92］任海庆，袁兴中，刘红，等.山地河流壶穴生态系统研究进展［J］.应用生态学报，2015，26（5）：1587-1593.

［93］全为民，严力蛟.农业面源污染对水体富营养化的影响及其防治措施［J］.生态学报，2002，22（3）：291-299.

［94］邬建国.景观生态学，格局、过程、尺度与等级［M］.北京，高等教育出版社，2007.

［95］刘杨靖，米珊珊，袁嘉，等.丘区涵养湿地生态设计研究——以三峡库区垫江县迎凤湖为例［J］.三峡生态环境监测，2017，2（2）：45-52.

［96］刘怀湘，王兆印，陆永军，等.山区下切河流地貌演变机理及其与河床结构的关系［J］.水科学进展，2011，22（3）：367-372.

［97］刘黎明.乡村景观规划［M］.北京：中国农业大学出版社，2003.

［98］孙然好，陈利顶，张百平，等.山地景观垂直分异研究［J］.应用生态学报，2009，20（7）：1617-1624.

［99］孙璞.农村水塘对地块氮磷流失的截留作用研究［J］.水资源保护，1998，14（1）：1-4，12.

［100］李玉凤，刘红玉，刘军志，等.农村多水塘系统景观结构对非点源污染中氮截留效应的影响［J］.环境科学，2018，39（11）：4999-5006.

［101］李玉凤，刘红玉，皋鹏飞，等.农村多水塘系统水环境过程研究进展［J］.生态学报，2016，36（9）：8.

［102］李正，李雄.中国山地景观中的植物园——以北京植物园为例［J］.风景园林，2016，7，64-73.

［103］李冬林，王磊，丁晶晶，等 . 水生植物的生态功能和资源应用［J］. 湿地科学，
2011，9（3）：290-296.

［104］李佳，陈科东，卢覃晴，等 . 基于湿地生物多样性保护的生态修复策略研究——
以桂林莲塘湿地项目为例［J］. 广西城镇建设，2020，3：76-79.

［105］李波，袁兴中，熊森，等 . 城市消落带景观基塘系统设计初探——以重庆开
县汉丰湖为例［J］. 重庆师范大学学报（自然科学版）：2013，30（6）：51-
54，151.

［106］杨荣娟，刘洋，闵庆文，等 . 河北涉县旱作石堰梯田农业文化遗产景观特征及
演变［J］. 中国农业信息，2019，31（6）：61-73.

［107］肖志鹏 . 基于生态修复与更新的城市湖泊景观设计研究［D］. 武汉：湖北工业
大学，2016.

［108］沈德林，陈平 . 南方农田水塘生态系统构建及其对生态环境影响研究［D］. 扬
州：扬州大学，2019.

［109］张妤琳 . 城市"塘—河涌"水环境的土地利用影响及其源汇分析［D］. 广州，
广州大学，2012.

［110］张珺颖 . 新农村建设背景下浙江乡村池塘景观设计［D］. 上海：上海师范大学，
2019.

［111］张琳，郦大方 . 基于河流生态修复理念的滨水景观设计研究［D］. 北京：北京
林业大学，2020.

［112］陆琦，马克明，倪红伟 . 湿地农田渠系的生态环境影响研究综述［J］. 生态学报，
2007，27（5）：2118-2125.

［113］陈吉泉 . 河岸植被特征及其在生态系统和景观中的作用［J］. 应用生态学报，
1996，7（4）：439-448.

［114］陈新芳，冯慕华，关保华，等 . 微地形对小微湿地保护恢复影响研究进展［J］.
湿地科学与管理，2020，16（4）：62-65，70.

［115］郑瑞，刘敏，夏伟 . 水产养殖污染现状及防治对策——以重庆市梁平区龙溪河
流域为例［J］. 山东化工，2020，49（16）：237-240.

［116］赵晖，陈佳秋，陈鑫，等 . 小微湿地的保护与管理［J］. 湿地科学与管理，
2018，14（4）：22-26.

［117］赵警卫，蔡永立 . 河岸带景观结构、功能及其关系研究［D］. 上海：华东师范
大学，2013.

［118］胡敏，蒋启波，高磊，等.山地小微湿地生态修复探讨——以梁平区猎神村梯塘小微湿地为例［J］.三峡生态环境监测，2020，4（4）：1-14.

［119］钟功甫.珠江三角洲的"桑基鱼塘"——一个水陆相互作用的人工生态系统［J］.地理学报，1980，35（3）：200-209.

［120］侯伟，汤宇.梯田类型人工湿地的保护与利用研究——以贵州加榜梯田为例［J］.四川林勘设计，2019，2：34-38.

［121］俞孔坚，姜芊孜，王志芳，等.陂塘景观研究进展与评述［J］.地域研究与开发，2015，34（3）：130-136.

［122］袁兴中，杜春兰，袁嘉，等.自然与人的协同共生之舞——三峡库区汉丰湖消落带生态系统设计与生态实践［J］.国际城市规划，2019，34（3）：37-44.

［123］袁兴中，杜春兰，袁嘉，等.适应水位变化的多功能基塘系统，塘生态智慧在三峡水库消落带生态恢复中的运用［J］.景观设计学，2017，5（1）：8-21.

［124］袁兴中，袁嘉，胡敏，等.顺应高程梯度的山地梯塘小微湿地生态系统设计［J］.中国园林，2021，37（8）：97-102.

［125］袁兴中.河流生态学［M］.重庆：重庆出版社，2020.

［126］袁敬，林箐.乡村景观特征的保护与更新［J］.风景园林，2018，25（5）：12-20.

［127］聂振钢.基于DEM的流域和水系提取系统研究［D］.北京，北京林业大学，2008.

［128］皋鹏飞，刘红玉，李玉凤.农村多水塘系统景观结构及其生态系统服务功能研究［D］.南京：南京师范大学，2017.

［129］徐栋，成水平，付贵萍，等.受污染城市湖泊景观化人工湿地处理系统的设计［J］.中国给水排水，2006，22（12）：40-44.

［130］陶苏芹.乡村环境整治背景下小微湿地景观修复设计研究——以南通市通启桥村为例［J］.现代园艺，2020，43（5）：151-153.

［131］黄耀志，楼琦峰，徐珏燕.湿地乡村地区生态景观格局危机及其对策研究［J］.生态经济，2009，12：168-171.

［132］崔之久，李洪江，南凌，等.内蒙古、河北巨型壶穴与赤峰风道的发现［J］.科学通报，1999，44（13）：1429-1434.

［133］崔丽娟，李伟，赵欣胜，等.表流湿地不同植物配置对富营养化循环水体的净化效果［J］.生态与农村环境学报，2011，27（2）：81-86.

［134］崔丽娟，雷茵茹，张曼胤，等．小微湿地研究综述：定义、类型及生态系统服务［J］．生态学报，2021，41（5）：2077-2085.

［135］崔海亭，刘鸿雁，戴君虎，等．山地生态学与高山林线研究［M］．北京：科学出版社，2005.

［136］彭少麟，任海，张倩媚．退化湿地生态系统恢复的一些理论问题［J］．应用生态学报，2003，14（11）：2026-2030.

［137］蒋启波．重庆市梁平区小微湿地建设现状及对策研究［J］．农业与技术，2020，40（13）：174-175.

［138］韩妮妮，马卓莘，陈杰．农村水源地生态环境治理与修复技术探讨——以西牛谭水库为例［J］．中国环境科学学会 2021 年科学技术年会论文集（二）：2021.

［139］谢自建，魏伟伟，李春华，等．典型高山堰塞湖湖滨带和缓冲带的划定及生态修复思路——以镜泊湖为例［J］．环境工程技术学报，2021，11（6）：1147-1153.

［140］谢国清，鲁韦坤，杨树平，等．阳宗海，松华坝和云龙水库流域土地利用与水质变化［J］．水资源保护，2007，23（5）：15-17.

［141］蔡永久，龚志军，秦伯强．太湖大型底栖动物群落结构及多样性［J］．生物多样性，2010，18（1）：50-59.

［142］燕海鸣，解立．标准化的多样性：云南哈尼梯田文化景观的世界遗产话语和"去地方化"进程［J］．东南文化，2020，2：6-12.

［143］魏成，刘平，秦晶．不同基质和不同植物对人工湿地净化效率的影响［J］．生态学报，2008，28（8）：3691-3697.

［144］魏欣瑶．大庆城市湖泊湿地景观规划设计研究［D］．哈尔滨：东北林业大学，2012.

［145］陈希希，何典雅，尚芊瑾．重庆低山丘陵地区乡村聚落的景观格局特征与生态适应性研究［J］．生物多样性保护与绿色发展，2023，41：34-46.

［146］郑卫民．丘陵地区生态城市设计［M］．南京：东南大学出版社，2013.

［147］郭晓东，张启媛，马利邦．山地 - 丘陵过渡区乡村聚落空间分布特征及其影响因素分析［J］．经济地理，2012，32（10）：114-120.

［148］杨黎黎，黎元杰，袁兴中，等．湿地生态修复与城市空间设计协同研究——重庆市梁平双桂城区湿地城市设计［J］．中国园林，2022，38（11）：70-75.

［149］严军，查场晟，梁慧琳.基于山形特征的山地公园景观空间选址研究［J］.浙江农林大学学报，2015，32（6）：927-932.

［150］袁嘉，罗嘉琪，侯春丽，等.长江上游山地城市江岸景观修复设计研究，以重庆主城为例［J］.风景园林，2021，28（7）：76-82

［151］袁嘉，游奉溢，侯春丽，等.基于植被再野化的城市荒野生境重建——以野花草甸为例［J］.景观设计学，2021，9（1）：26-39.

［152］向羚丰，袁嘉，李祖慧，等.乡村生物多样性，变化、维持机制及保护策略［J］.风景园林，2023，30（4）：10-17.

［153］袁嘉，袁兴中.湿地生态系统修复设计与实践研究［M］.北京：科学出版社，2022.

［154］潘远珍，袁兴中，王芳，等.基于乡村水塘的生态网络构建及优化调控［J］.水生态学杂志，2023，44（4）：99-106.

［155］袁兴中，杜春兰，袁嘉.适应水位变化的多功能基塘，塘生态智慧在三峡水库消落带生态恢复中的运用［J］.景观设计学，2017，5（1）：8-20.